FORSCHUNGSBERICHTE DES LANDES NORDRHEIN-WESTFALEN

Nr. 1381

Herausgegeben
im Auftrage des Ministerpräsidenten Dr. Franz Meyers
von Staatssekretär Professor Dr. h. c. Dr. E. h. Leo Brandt

DK 669.14.018.258.4:
669.14.018.265:621.983/. 984.001.5

Dr.-Ing. Heinz Meyer-Nolkemper

Forschungsstelle Gesenkschmieden an der Techn. Hochschule Hannover
Im Auftrage des Verbandes Deutscher Gesenkschmieden im Wirtschaftsverband
Stahlverformung, Hagen

Dornen in Waagerecht-Stauchmaschinen

WESTDEUTSCHER VERLAG · KÖLN UND OPLADEN 1964

ISBN 978-3-663-06244-8   ISBN 978-3-663-07157-0 (eBook)
DOI 10.1007/978-3-663-07157-0

Verlags-Nr. 011381

© 1964 by Westdeutscher Verlag, Köln und Opladen

Gesamtherstellung: Westdeutscher Verlag

Inhalt

1. Einleitung 9

2. Die Kräfte beim Dornen 14
   - 2.1 Steigendes Dornen 14
   - 2.11 Der mittlere Stempeldruck 14
   - 2.12 Der Zusammenhang zwischen mittlerem Stempeldruck
     und Formänderungsfestigkeit 19
   - 2.121 Spannungsverteilung und mittlerer Stempeldruck 19
   - 2.122 Temperaturverteilung und mittlere Temperatur 20
   - 2.123 Formänderungsverteilung und mittlere Formänderung .. 22
   - 2.124 Die mittlere Formänderungsgeschwindigkeit 24
   - 2.125 Der bezogene mittlere Stempeldruck $\bar{p}_p/Y$ ... 26
   - 2.13 Sonstige Einflüsse auf den mittleren Stempeldruck ... 28
   - 2.2 Breitendes Dornen 30

3. Zur Wahl der Maschinengröße beim Dornen 38

4. Zur Genauigkeit beim Dornen 41

5. Zusammenfassung 43

Literaturverzeichnis 45

Bezeichnungen

A	Umformarbeit
A_N	Nutzarbeitsvermögen
c	spez. Wärme
D	Durchmesser des Werkzeugraumes (und der Endform bei Umformtemperatur)
D_A	Durchmesser der Ausgangsform
d	Durchmesser des Stempels
d_i	Durchmesser einer Vordornung an einer Zwischenform
d_s	Durchmesser der Stange
F	Querschnitt des Werkzeugraumes
F_A	Querschnitt der Ausgangsform
f	Querschnitt des Stempels
G_w	Werkstückgewicht
h	augenblickliche Werkstückhöhe
h_0	Höhe der Ausgangsform
h_0'	nicht vorgedornte Anfangshöhe
h_1	Endhöhe der Werkstücks
h_2	Lochtiefe
$2k$	Fließspannung bei ebener Umformung
n_N	Zahl der Nutzhübe in der Sekunde
P	Dornkraft
P_a	Anfangskraft beim breitenden Dornen
P_m	größte Kraft beim breitenden Dornen mit zylindrischem Stempel
p	Druckspannung
$\bar{p}$	auf den Querschnitt des Werkzeugraumes oder der Ausgangsform bezogene Dornkraft
$\bar{p}_p$	mittlerer Stempeldruck (auf den Querschnitt des Stempels bezogene Dornkraft)
$\bar{p}_{p_K}$	mittlerer Stempeldruck bei kegeligen Stempeln
R	bezogene Querschnittsabnahme
r	Abrundungshalbmesser
s	Stempelweg
s_1	Umformweg (Weg des Stempels während der Umformung)
T	Zeit, die zum Verdrängen des in der Umformzone befindlichen Werkstoffvolumens nötig ist
T_s	Schlagfolgezeit
t	Bodendicke
V	Werkstückvolumen

V_d	in der Zeiteinheit verdrängtes Volumen
V_u	Volumen der Umformzone
v	Stempelgeschwindigkeit
v_m	mittlere Stempelgeschwindigkeit
W	Stauchkraft
w	Wanddicke
Y	Fließspannung ($=$ Formänderungsfestigkeit k_f) bei rotationssymmetrischer Umformung
α	Stempelwinkel
γ	spez. Gewicht
η	Formänderungswirkungsgrad
ϑ	Umformtemperatur
μ	Reibungsbeiwert
φ	Umformgrad
$\bar{\varphi}$	äquivalente Dehnung
$\dot{\varphi}$	Formänderungsgeschwindigkeit
$\dot{\bar{\varphi}}$	mittlere Formänderungsgeschwindigkeit

1. Einleitung: Abgrenzung und Einteilung der Dornverfahren

Das »Dornen« ist nach dem Stauchen der wichtigste Arbeitsvorgang beim Schmieden in Waagerecht-Stauchmaschinen. Es dient dazu, nicht durchgehende Hohlräume herzustellen. Dieser Vorgang ist vom »Lochen« zu unterscheiden, nicht nur wegen des verschiedenartigen Arbeitsergebnisses, sondern vor allem wegen des andersartigen Arbeitsvorgangs: Beim Lochen wird ein Stück aus dem Werkstück herausgetrennt, es handelt sich um einen geschlossenen Scherschnitt, einen Trennvorgang. Beim Dornen bleibt der Werkstoffzusammenhang gewahrt, es ist ein Umformvorgang.

Nach der Art des Werkstoffflusses sei zwischen breitendem, freiem und steigendem Dornen unterschieden (Abb. 1). Das letztere Verfahren – der Durchmesser D der Endform ist nahezu gleich dem Durchmesser D_A der Ausgangsform – ist nichts anderes als ein Rückwärts-Fließpressen. Es wird im englischen Sprachgebrauch

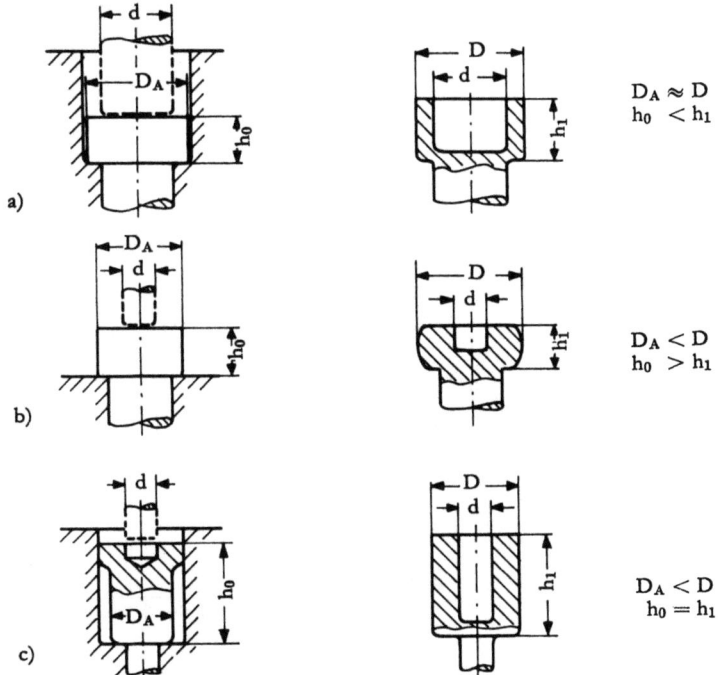

Abb. 1 Ausgangs- und Endformen beim Dornen
    a) steigendes Dornen   c) freies Dornen
    b) breitendes Dornen

als »piercing« bezeichnet und ist ebenso wie das Vorwärts-Fleißpressen bereits weitgehend theoretisch untersucht worden. Allerdings beschränken sich die theoretischen Betrachtungen auf ebene und rotations-symmetrische Dornvorgänge bei Raumtemperatur und auf ideal-plastische Werkstoffe.
Beim freien Dornen wird die Ausgangsform während des Umformens auch gestaucht. Daher ist der Durchmesser der Endform größer als der der Ausgangsform und die Endhöhe kleiner als die Anfangshöhe. Je nach dem Verhältnis von Dornkraft zu Stauchkraft wird die Ausgangsform mehr oder weniger gestaucht; dementsprechend ist auch die erreichte Dorntiefe unterschiedlich. Das freie Dornen ist deshalb nur begrenzt beim Zwischenformen anwendbar, und auch dann nur, wenn die Dorntiefe klein ist.
Beim breitenden Dornen ist die Endhöhe gleich der Ausgangshöhe. Daher muß der Stempelquerschnitt gleich dem freien Querschnitt zwischen Werkzeug und Ausgangsform sein: $f = F - F_A$. Wäre f größer als $(F - F_A)$, so käme es zu einem gleichzeitigen Breiten und Steigen. Die zweite Voraussetzung, die erfüllt sein muß, damit der Vorgang in der gewünschten Weise abläuft, besteht darin, daß die Dornkraft P kleiner bleibt als die zum Stauchen der Ausgangsform erforderliche Kraft W. Andernfalls würde zuerst gestaucht und anschließend steigend gedornt. Mit den Bezeichnungen in Abb. 2 gilt:

$$\bar{p}_p \cdot f < Y \cdot F_A \qquad \bar{p} \cdot F_A < Y \cdot F_A$$

$$\frac{\bar{p}_p}{Y} < \frac{F_A}{f} \qquad \frac{\bar{p}}{Y} < 1$$

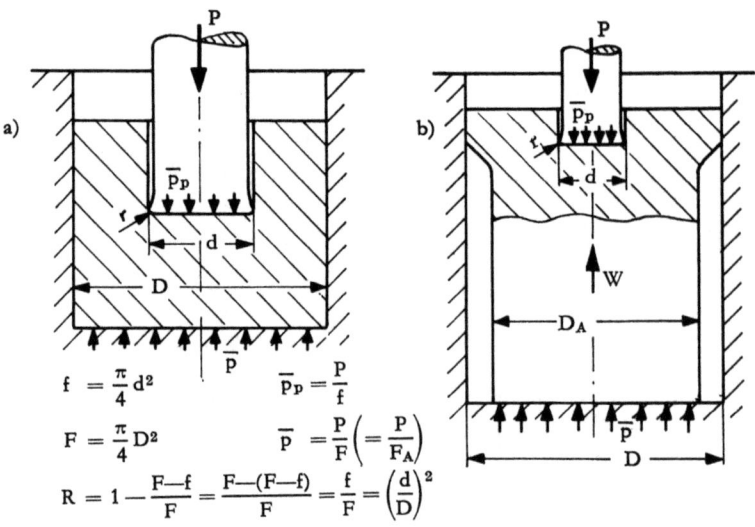

$$f = \frac{\pi}{4} d^2 \qquad \bar{p}_p = \frac{P}{f}$$

$$F = \frac{\pi}{4} D^2 \qquad \bar{p} = \frac{P}{F} \left(= \frac{P}{F_A} \right)$$

$$R = 1 - \frac{F-f}{F} = \frac{F-(F-f)}{F} = \frac{f}{F} = \left(\frac{d}{D}\right)^2$$

Abb. 2 Schematische Darstellung des Dornens
 a) steigendes Dornen   b) breitendes Dornen

Eine dritte Forderung schließlich besagt, daß die Dornkraft kleiner sein muß als die Knicklast, da sonst kein einwandfreier Umformvorgang möglich wäre; eine unsymmetrische Verteilung des Werkstoffs hätte ein Verlaufen des Stempels, ungleichmäßige Wanddicken und möglicherweise einen Stempelbruch zur Folge.

Die genannten Dornverfahren sind keine einheitlichen Formänderungsvorgänge. Je nach der relativen, d. h. auf den Stempeldurchmesser bezogenen Eindringtiefe spielen sich verschiedenartige Umformprozesse ab. Dies sei an Hand einer Betrachtung der herstellbaren Werkstückformen gezeigt. Einen Überblick über die durch Dornen erzeugbaren Werkstücke gibt das VDI-Arbeitsblatt » Schmieden in Waagerecht-Stauchmaschinen« [1]. Die dort angegebene Formenordnung sagt aber nichts über die beim Dornen vorkommenden Umformvorgänge im einzelnen aus. Daher wurden in Abb. 3 die wesentlichen Werkstückformen nach dem Formgebungsvorgang geordnet. Es wurde unterschieden zwischen dem »Eindringen« (indenting), dem eigentlichen »Dornen« (piercing) und dem »Tiefdornen«.

Das Eindringen ist ein Umformvorgang mit instationärer Spannungs- und Formänderungsverteilung, d. h. die Spannungen und Formänderungen sind nicht nur von Ort zu Ort verschieden, sondern sie ändern sich auch zeitlich. Beim Dornen haben wir dagegen ein stationäres Spannungs- und Formänderungsfeld, das sich zeitlich nicht ändert. Es sei am Rande vermerkt, daß hierbei anfangs der Fall des Eindringens vorliegt.

Das Tiefdornen ist weder durch die absolute Lochtiefe h_2 noch durch die relative Lochtiefe h_2/d, sondern durch die im Verhältnis zum Lochdurchmesser geringe Bodendicke t gekennzeichnet. Auch in diesem Fall wird das Spannungs- und Formänderungsfeld – am Ende der Umformung, vorher handelt es sich um ein Dornen – instationär. Wegen der unterschiedlichen Formgebungsvorgänge lassen sich Formeln zur Berechnung der Kräfte und Arbeitsbeträge beim Eindringen, Dornen und Tiefdornen nicht übertragen, so daß die Unterscheidung berechtigt ist.

Das bisher gesagte gilt für das steigende und breitende Dornen mit zylindrischem Stempel.

Beim breitenden Dornen ist das Spannungs- und Formänderungsfeld ebenfalls stationär, es bewegt sich jedoch mit dem Stempel, ohne sich zeitlich zu ändern.

Der Formänderungsvorgang wird dagegen auch beim eigentlichen Dornen instationär, wenn der Stempel kegelig ist. Dieser Fall ist daher gesondert zu betrachten. Er ist der in der Praxis übliche, da beim Dornen mit zylindrischem Stempel die Gefahr besteht, daß er sich nicht vom Werkstück löst; diese Gefahr ist beim Dornen in der Wärme besonders groß, da das Werkstück auf dem Stempel festschrumpfen kann.

Werkstückformen mit gleichbleibendem Außenquerschnitt lassen sich durch steigendes und breitendes Dornen herstellen. Wenn dieser sich ändert, ist nur das breitende Dornen möglich. Das gilt insbesondere bei unterschnittenen Umrissen (Querschnittsänderungen im nicht gedornten Teil wirken sich jedoch nicht aus). Für jeden Querschnitt müßte nämlich beim steigenden Dornen ein Führungsteil im Werkzeug vorhanden sein.

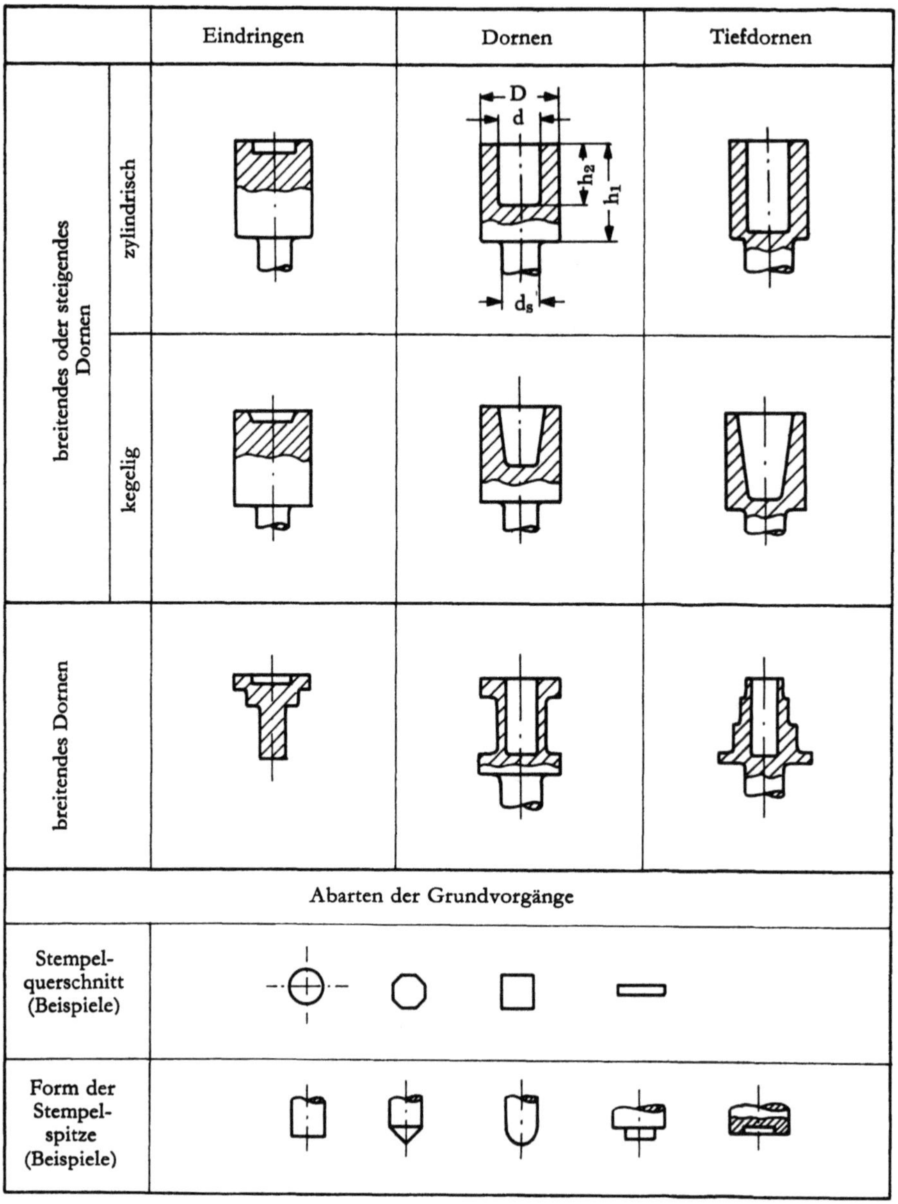

		Eindringen	Dornen	Tiefdornen
breitendes oder steigendes Dornen	zylindrisch			
	kegelig			
breitendes Dornen				
Abarten der Grundvorgänge			
Stempel-querschnitt (Beispiele)				
Form der Stempel-spitze (Beispiele)				

Abb. 3 Grundvorgänge beim Dornen
(Kennzeichnende Abmessungsverhältnisse: d/D, h_2/h_1, h_2/d, D/h_1, D/d_s)

Die Kräfte werden in allen Fällen vom Stempelquerschnitt und der Form der Stempelspitze beeinflußt. Daraus ergeben sich die in Abb. 3 dargestellten Abarten der Grundvorgänge. Ein Sonderfall ist das Eindringen eines abgesetzten Stempels, das eine plötzliche Änderung der Spannungs- und Formänderungsverteilung verursacht.

Aus dieser Übersicht folgen die Fälle, die zu untersuchen sind:

1. Das Eindringen eines Stempels in Abhängigkeit vom Querschnittsverhältnis, der Eindringtiefe und der Stempelform.
3. Das steigende Dornen
    a) zylindrisch, mit dem Querschnittsverhältnis und der Stempelform als Einflußgrößen,
    b) kegelig.
3. Das breitende Dornen
    a) zylindrisch, mit dem Querschnittsverhältnis und der Stempelform als Einflußgrößen,
    b) kegelig.
4. Das freie Dornen in Abhängigkeit vom Querschnittsverhältnis und der Stempelform.
5. Das Tiefdornen.

In dieser Arbeit werden die Punkte 2, 3 und 4 näher betrachtet.

2. Die Kräfte beim Dornen

2.1 Steigendes Dornen

2.11 Der mittlere Stempeldruck

Die Kräfte beim ebenen Dornen lassen sich mit Hilfe plastizitätstheoretischer Überlegungen berechnen, wenn man einen ideal-plastischen Werkstoff voraussetzt. Als eben wird ein Umformgang bezeichnet, wenn im umzuformenden Volumen die Verschiebungen in einer Achsrichtung gleich Null sind, d. h. ein Element in einer Ebene, die senkrecht auf dieser Achse steht, bleibt in dieser Ebene. Die Verschiebungen in einer solchen Ebene müssen weiterhin unabhängig von ihrer Entfernung von einer Null-Ebene sein. Diese Forderungen sind mehr oder weniger erfüllt, wenn die Werkzeugabmessungen senkrecht zur Ebene des Stoffflusses groß sind im Vergleich zu den Abmessungen in dieser Ebene und wenn Form und Abmessungen des Werkzeugs in dieser Richtung konstant bleiben. Ein Werkstoff wird als ideal-plastisch bezeichnet, wenn er eine von der Formänderung unabhängige Fließspannung besitzt, d. h. wenn seine Fließkurve parallel zur Formänderungsachse verläuft.

In Abb. 4 und 5 sind die Verhältnisse der bezogenen Kräfte zur Fließspannung bei ebener Formänderung in Abhängigkeit von der bezogenen Querschnittsabnahme dargestellt. Diese ist nach Abb. 2 beim Dornen gleich dem Verhältnis von Stempelquerschnitt zum Aufnehmerquerschnitt des Werkzeugs. In Abb. 4 sind die Kurven $\bar{p}_p/2k$ gezeichnet und in Abb. 5 die Kurven $\bar{p}/2k$ ($2k$ = Fließspannung bei ebener Umformung). $\bar{p}_p$ ist die auf den Stempelquerschnitt bezogene Dornkraft und $\bar{p}$ die auf den Aufnehmerquerschnitt bezogene Dornkraft (Abb. 2). Aus Abb. 4 geht hervor, daß bei kleinen und großen Gesamtformänderungen die Stempelkraft verhältnismäßig größer ist als bei mittleren Umformgraden. Die Kurven 2a und 2b gelten für Stempel mit rechteckigem Querschnitt.

In die beiden Abbildungen sind auch die oberen Schranken der Verhältniswerte von bezogener Umformkraft zur Fließspannung Y ($= k_f$) beim axial-symmetrischen Dornen eingezeichnet. Die oberen Schranken geben die Grenzwerte dieser Verhältnisse an, die nicht überschritten werden können. Der Kurvenverlauf stimmt mit dem beim ebenen Dornen überein.

Die Kurven gelten für ideal-plastische Werkstoffe. Bei der Warmumformung verlaufen die Fließkurven für Umformgrade $\varphi > 0{,}3$–$0{,}4$ etwa parallel zur Abszissenachse, d. h. das Werkstoffverhalten nähert sich dem eines ideal-plastischen Stoffes an. Daher kann man erwarten, daß sich für $\bar{p}_p/Y$ und $\bar{p}/Y$ ähnliche Kurven ergeben wie in Abb. 4 und 5.

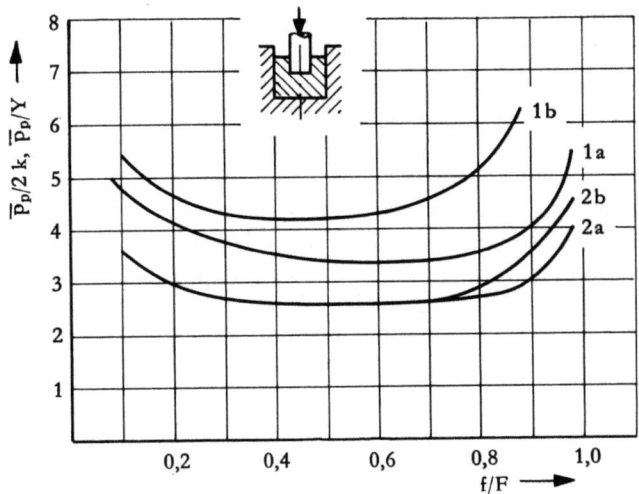

Abb. 4　Bezogene Drücke beim steigenden Dornen
1. axial-symmetrisches Dornen (obere Schranken)
   a) Werkzeug glatt　　b) Werkzeug rauh
2. ebenes Dornen
   a) Stempel und Aufnehmer glatt
   b) Stempel rauh, Aufnehmer glatt
(nach JOHNSON und KUDO)

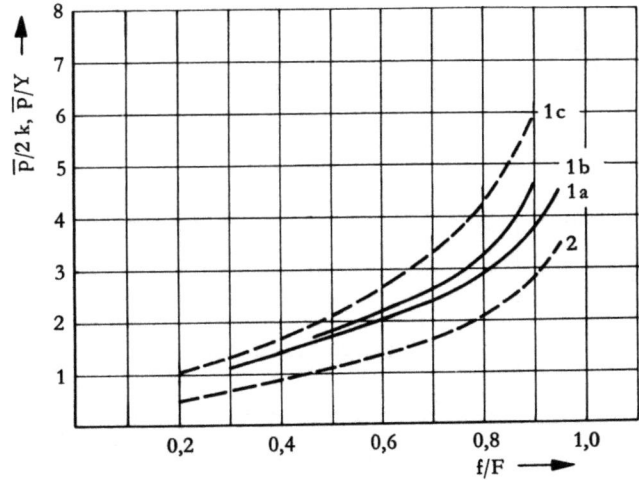

Abb. 5　Bezogene Drücke beim steigenden Dornen
1. axial-symmetrisches Dornen (obere Schranken)
   a) $\mu = 0$　　b) $\mu = 0{,}05$　　c) rauh
2. axial-symmetrisches Dornen
   $\bar{p}/Y = (\ln D/(D-d) - 0{,}16)/\eta$　mit　$\eta = 1$ ($\mu = 0, r = 0$)
(nach JOHNSON und KUDO)

Um diese Vermutung nachzuweisen, wurden Versuche über das steigende Dornen in einer Waagerecht-Stauchmaschine gemacht (Nennkraft: 125 Mp). Der Durchmesser D des Werkzeugs betrug bei diesen Versuchen 30, 36 und 45 mm. Der Stempeldurchmesser wurde jeweils verändert, um unterschiedliche bezogene Querschnittsabnahmen zu bekommen. Ebenfalls wurde die Temperatur zwischen 800 und 1200°C variiert. Der Fehler der strahlungspyrometrischen Temperaturmessung betrug wegen der Zunderschichten auf den Proben etwa ± 30°C. Die Werkzeuge wurden mit »Oildag« (Graphit in Öl) vor jedem Versuch geschmiert. Gemessen wurden Umformkraft und Stempelweg in Abhängigkeit von der Zeit. Durch Umzeichnen wurden aus diesen Kurven die Kraftweg-Schaubilder gewonnen (Abb. 6). Da die Endabmessungen der Proben in allen Fällen gleich sein sollten, wurde der Stempelweg mit größer werdendem Stempeldurchmesser kleiner.

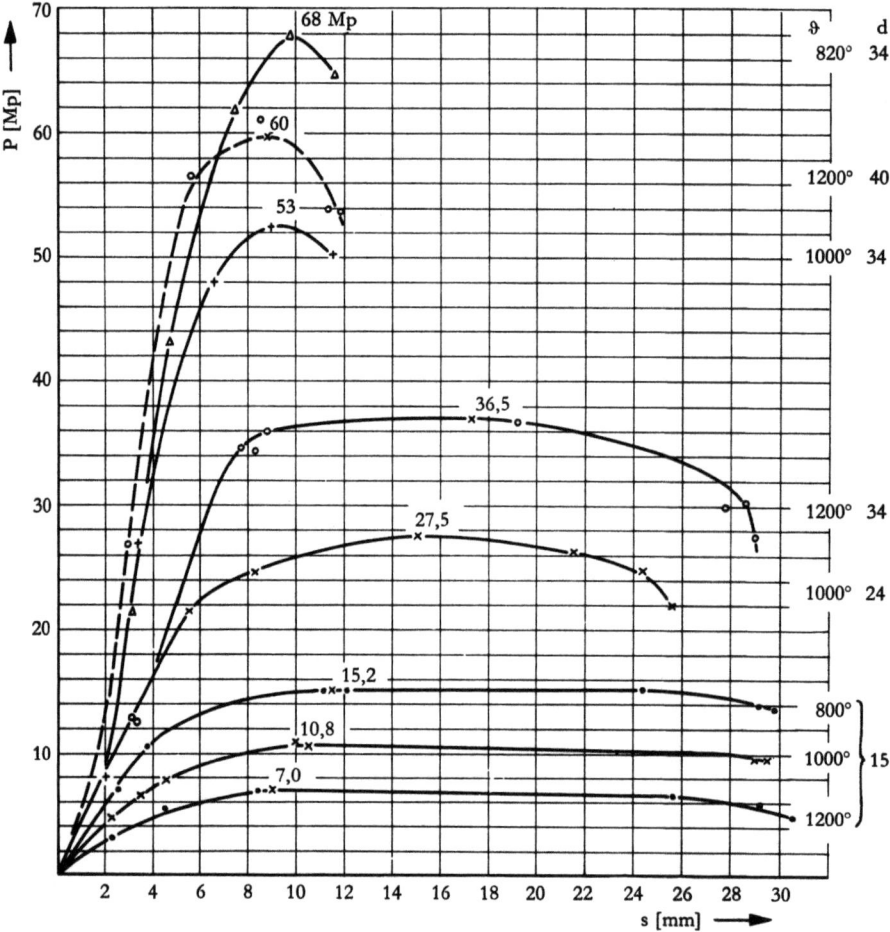

Abb. 6 Kraft-Weg-Kurven beim steigenden Dornen
(Werkstoff C 15, D = 45 mm, D_A = 44,1 mm bei 20°)

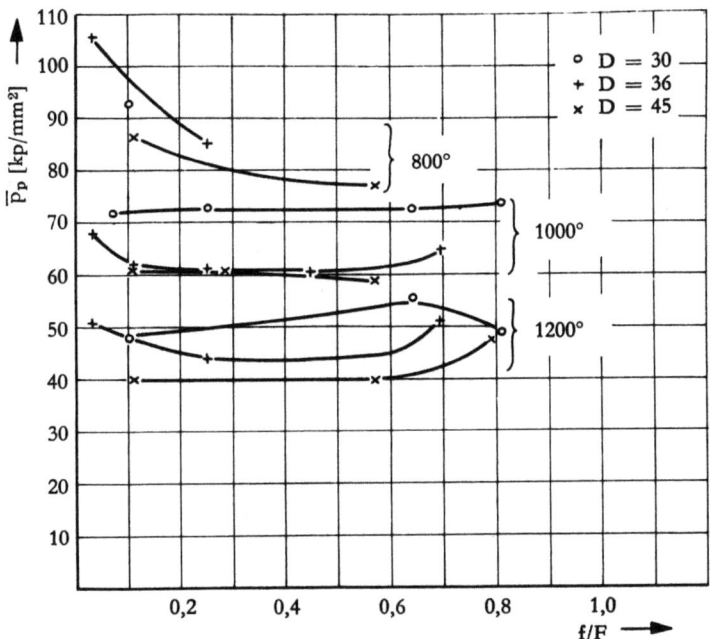

Abb. 7 Stempeldrücke beim steigenden Dornen von C 15

Die Kraftkurven haben den beim Dornen üblichen Verlauf: Nach einem verhältnismäßig steilen Kraftanstieg bleibt die Kraft konstant. Der Abfall am Ende der Umformung ist auf die Abnahme der Umformgeschwindigkeit zurückzuführen. Für die Beanspruchung von Werkzeug und Maschine sind vor allem die Größtkräfte wichtig. Deshalb werden die weiteren Betrachtungen darauf beschränkt.
In Abb. 7 sind die mittleren Stempeldrücke, die den Größtkräften entsprechen, in Abhängigkeit vom Querschnittsverhältnis f/F dargestellt. Als Parameter sind die Umformtemperaturen und die Probendurchmesser von der Umformung eingetragen. Letzterer war so gewählt worden, daß die Proben bei Umformtemperatur den Werkzeughohlraum gerade ausfüllten. Der Stempeldruck erweist sich bei dieser Auftragung im Bereich $0{,}1 < f/F < 0{,}8$ als nahezu unabhängig vom Querschnittsverhältnis. Das stimmt mit dem theoretisch zu erwartenden Verlauf gut überein. Ein nennenswerter Anstieg ist erst bei $f/F < 0{,}2$ und $f/F > 0{,}8$ zu erwarten. Ein Vergleich mit den Kurven in Abb. 4 ist allerdings nicht ohne Einschränkung möglich, da in den gemessenen Werten von $\bar{p}_p$ noch der Einfluß der Formänderungsgeschwindigkeit enthalten ist. Da die Proben unterschiedliche Ausgangslängen hatten und demzufolge die Auftreffgeschwindigkeit des Stempels verschieden groß war, da sich außerdem die Querschnittsverhältnisse auf die Größe der Formänderungsgeschwindigkeit auswirken, sind die in Abb. 7 eingezeichneten Werte bei unterschiedlichen Formänderungsgeschwindigkeiten bestimmt worden. Die Größe dieses Einflusses wird unten noch genauer untersucht werden.

Wie aus den Meßergebnissen hervorgeht, kann man für eine angenäherte Bestimmung der Kräfte beim steigenden Dornen jedoch in den üblichen Bereichen des Querschnittsverhältnisses mit Stempeldrücken rechnen, die von diesem unabhängig sind. Man bestimmt z. B. bei einem Außendurchmesser von 45 mm die Kräfte für Innendurchmesser von 15 bis 40 mm richtig, wenn man von dieser Annahme ausgeht. Damit dürfte der gesamte in der Praxis vorkommende Bereich erfaßt sein.

Einen wesentlichen Einfluß auf die Stempelkräfte hat die Umformtemperatur. Sie nehmen etwa auf das 1,5fache zu, wenn die Temperatur von 1200 auf 1000°C abnimmt, und verdoppeln sich, wenn die Temperatur weiter auf 800°C vermindert wird. Auch der Einfluß der Werkstückabmessungen – hier ausgedrückt durch den Außendurchmesser – ist indirekt ein Temperatureinfluß: Die kleineren Proben kühlen stärker ab als die größeren, so daß ihre Umformtemperatur niedriger war als die Ofentemperatur.

Um die Größe dieses Einflusses sichtbar zu machen, wurden die Stempeldrücke über den Werkstückvolumina aufgetragen (Abb. 8). Mit zunehmendem Volumen nähern sich die Stempeldrücke asymptotisch einem Grenzwert, der bei 1200°C 32 kp/mm², bei 1000°C 48 kp/mm² und bei 800°C 76 kp/mm² beträgt. Dies sind die Stempeldrücke, mit denen zu rechnen ist, wenn ein so großes Werkstückvolumen vorhanden ist, daß die Abkühlung an den Werkzeugen vernachlässigt werden kann. Da die Versuche mit kalten Werkzeugen gemacht wurden, ist im normalen Betrieb, wo Klemmbacken und Stempel mehrere hundert °C warm werden, schon bei einem kleineren Volumen das Erreichen dieser Grenzwerte zu erwarten. Ein Probenvolumen von 150000 mm³ entspricht z. B. einem Zylinder

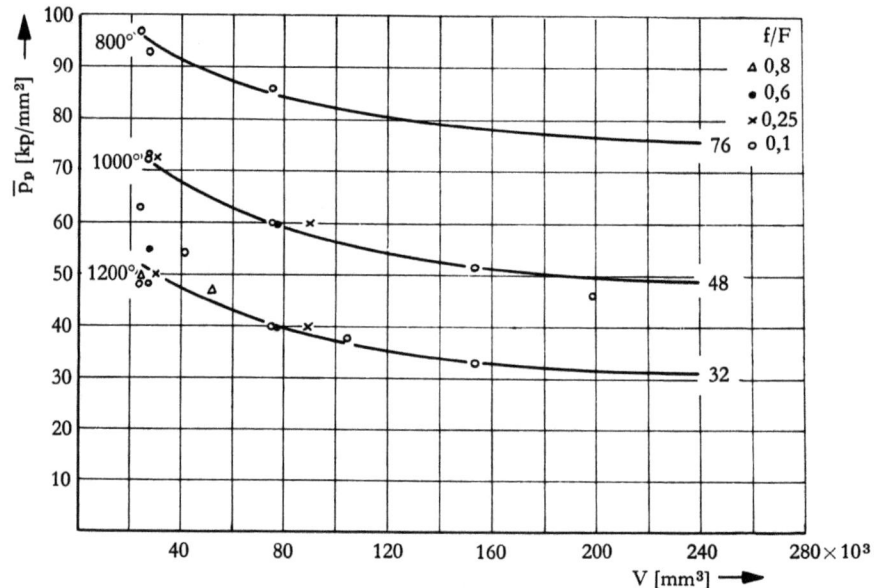

Abb. 8 Einfluß des Werkstückvolumens auf den Stempeldruck

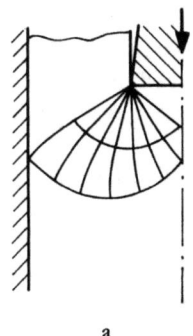 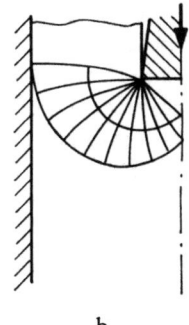

a　　　　　　　　　　　　b

Abb. 9　Gleitlinienfelder beim steigenden Dornen
(nach Johnson und Kudo)
a) Stempel glatt oder rauh, Aufnehmerwand glatt, $f/F < 0{,}5$
b) Stempel rauh, Aufnehmerwand rauh, $f/F < 1/(1+\sqrt{2})$

mit 60 mm Durchmesser und 53 mm Höhe; so kann man in der Praxis häufig mit den unteren Grenzen der Stempeldrücke rechnen.

2.12 Der Zusammenhang zwischen mittlerem Stempeldruck und Formänderungsfestigkeit

Die Kenntnis der mittleren Stempeldrücke bei Temperaturen zwischen 800 und 1200°C gestattet die Berechnung der Preßkräfte in Abhängigkeit von der Temperatur. Die gemessenen Werte gelten jedoch nur für die Geschwindigkeitskurve einer bestimmten Maschine und für einen Werkstoff. Wenn man zu allgemeineren Aussagen kommen will, muß man versuchen, die Stempeldrücke zur Formänderungsfestigkeit in Beziehung zu setzen. Man kann dann auch die Kräfte bei anderen Geschwindigkeiten und anderen Werkstoffen bestimmen.
Ein derartiger Zusammenhang ist jedoch nicht ohne weiteres anzugeben, da beim Dornen sowohl für die Spannungen wie auch für die Temperatur, die Formänderungen und die Formänderungsgeschwindigkeit in der Umformzone stationäre Felder vorliegen, das heißt die Werte ändern sich von Ort zu Ort und sind nur zeitlich konstant. Deshalb ist man gezwungen, mit Mittelwerten zu rechnen.

2.121 Spannungsverteilung und mittlerer Stempeldruck

Die Abb. 9 zeigt links ein Gleitlinienfeld für das Dornen mit einem glatten oder rauhen Stempel bei glatten Aufnehmerwänden, rechts ist ein mögliches Gleitlinienfeld für einen rauhen Stempel und eine rauhe Aufnehmerwand wiedergegeben. Die Gleitlinie sind Linien gleicher Schubspannung. Man erkennt aus diesen Darstellungen, die für den Fall der ebenen Umformung gelten, daß es eine Umformzone gibt, in der sich die Spannungen von Punkt zu Punkt ändern. Die Bereiche außerhalb des Gleitlinienfeldes nehmen an der Umformung nicht teil. So befindet sich in beiden Fällen unter dem Stempel eine starre Zone. Der Stempeldruck ist deshalb theoretisch über den Stempelquerschnitt konstant. Das gleiche gilt für die Druckverteilung über den Aufnehmerboden, solange die Umformzone noch nicht an ihn heranreicht.

Die im Gleitlinienfeld vorliegenden Werte der Fließspannung bestimmen die Größe der Umformspannungen. Die Fließspannung ist abhängig von den jeweils vorhandenen Temperaturen, Formänderungen und Formänderungsgeschwindigkeiten. Ein unmittelbarer Zusammenhang besteht nur zwischen den jeweiligen örtlichen Werten von Y und den örtlichen Werten der resultierenden Spannung. Da das über einer Grenzfläche bestimmte Integral der Spannungen – die Umformkraft – gleich der Stempelkraft ist, besteht aber auch ein Zusammenhang zwischen dem mittleren Stempeldruck und der Fließspannung.

2.122 Temperaturverteilung und mittlere Temperatur

Die in das Werkstück hineingesteckte Umformarbeit wird zum größten Teil in Wärme umgewandelt. Deshalb nimmt die Temperatur eines adiabatisch umgeformten Körpers zu. Da die Beträge der Umformarbeit für die Umformung der Elementarkörper, in die man sich das Werkstück zerlegt denken kann, entsprechend der unterschiedlichen Spannungs- und Formänderungsverteilung verschieden groß sind, ist auch die Erwärmung nicht gleichmäßig. Daraus folgt eine unterschiedliche Temperaturzunahme im Körper. Die Temperaturunterschiede werden durch die Abkühlung des Werkstücks an den Werkzeugen noch vergrößert.

Es werde zunächst die Temperaturzunahme betrachtet, und zwar die mittlere Zunahme. Diese läßt sich bei adiabatischer Umformung aus der zugeführten Umformkraft berechnen. Die Umformarbeit ist $A = \int_{s_0}^{s_1} P \cdot ds$ (P = Umformkraft, s = Stempelweg).

$$A = \int_{s_0}^{s_1} \bar{p}_p \cdot f \cdot ds = \int_{s_0}^{s_1} \bar{p}_p \cdot R \cdot F \cdot \frac{h_0}{h} \cdot ds = \frac{V}{h_0} \int_{s_0}^{s_1} \bar{p}_p \cdot R \cdot ds$$

(V = Werkstückvolumen, h_0 = Höhe der Ausgangsform)

Für die weitere Rechnung wird angenommen, daß die Umformkraft über dem Stempelweg konstant ist. Wie aus Abb. 6 hervorgeht, trifft diese Annahme bei längeren Umformwegen mit Ausnahme eines kurzen Abschnitts zu Beginn des Dornens gut zu, sofern die Umformzone den Boden des Blockaufnehmers noch nicht erreicht hat, d. h. solange noch ein eigentlicher Dornvorgang, wie in Abb. 3 beschrieben, vorliegt. Der mittlere Stempeldruck kann mit diesen Einschränkungen ebenfalls als konstant angesehen werden. Man erhält also

$$A \approx \bar{p}_p \cdot V \cdot R \cdot \frac{s_1}{h_0}$$

(s_1 = Stempelweg)

Da im Bereich $0,1 < R < 0,8$, der für das Dornen vor allem in Frage kommt, $\bar{p}_p$ als unabhängig von R angesehen werden kann, vereinfacht sich die Überschlagsrechnung weiter. Die mittlere Temperaturzunahme wird dann

$$\Delta \vartheta \approx \frac{A}{427 \cdot c \cdot G_w} = \frac{\bar{p}_p \cdot V \cdot R \cdot s_1}{427 \cdot c \cdot V \cdot \gamma \cdot h_0} = \frac{\bar{p}_p \cdot R \cdot s_1}{427 \cdot c \cdot \gamma \cdot h_0}$$

In Tab. 1 ist die mittlere Temperaturzunahme für $s_1/h_0 = 0,5$ bei mehreren Anfangstemperaturen und Querschnittsverhältnissen angegeben. Dabei wurde von den Stempeldrücken für Probenvolumina $V > 250 \cdot 10^3$ mm^3 ausgegangen (Abb. 8).

Tab. 1 Temperaturzunahme in °C beim adiabatischen Dornen
  ($s_1/h_0 = 0,5$, $V > 250 \cdot 10^3$ mm^3)

ϑ [°C] \ R	0,2	0,5	0,8
800	15	38	61
1000	10	24	38
1200	6	16	25

Die Zahlen sind auch insofern mit einem Fehler behaftet, als zur Berechnung die gemessenen mittleren Stempeldrücke herangezogen wurden, die den Einfluß der Temperaturänderung auf die Formänderungsfestigkeit bereits enthalten. Dieser Einfluß ist aber gering, so daß er bei dieser ohnehin mit Fehlern behafteten Abschätzung der mittleren Temperaturzunahme unberücksichtigt bleiben kann.
Der Temperaturzunahme ist, wie erwähnt, eine Temperaturabnahme überlagert, die von der Abkühlung an den Werkzeugen herrührt. Schematisch sind die beiden gegeneinanderlaufenden Vorgänge in Abb. 10a für ein bestimmtes Werkstückvolumen dargestellt. Über f/F sind die Temperaturänderungen aufgetragen. Die Temperaturzunahme wird mit f/F und mit abnehmender Temperatur wegen der steigenden Drücke größer. Die Abkühlung an den Gesenken ist im betrachtenden Bereich dagegen von f/F unabhängig, da der Stempeldruck nicht vom Querschnittsverhältnis beeinflußt wird. Wegen der größeren Temperaturdifferenz gegenüber den Werkzeugen ist bei höheren Temperaturen eine verstärkte Abkühlung zu erwarten. Andererseits sind bei niedrigeren Temperaturen die Drücke größer – das bedeutet wiederum größere Wärmeübergangszahlen; man kann daher kaum vorhersagen, wie stark die Temperaturabnahmen bei unterschiedlichen Anfangstemperaturen voneinander abweichen.
In Abb. 10b ist die Temperaturänderung in Abhängigkeit vom Volumen dargestellt. Die Temperaturzunahme ist an sich unabhängig vom Volumen, wie die obige Formel zeigt. Infolge der stärkeren Abkühlung kleiner Werkstücke nimmt aber deren Formänderungsfestigkeit zu, und deshalb wird auch die vom Umformvorgang bedingte Temperaturzunahme größer. Man findet deshalb einen Anstieg

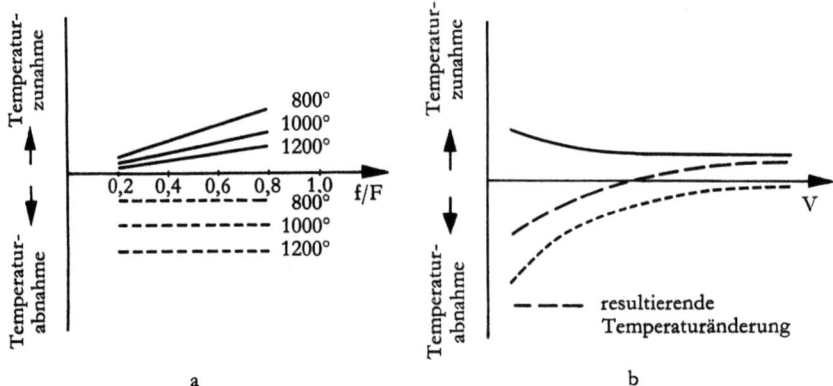

Abb. 10 Schematische Darstellung der Erwärmungs- und Abkühlungsvorgänge beim Dornen
   a) Temperaturänderungen in Abhängigkeit von f/F
      (V = const)
   b) Temperaturänderungen in Abhängigkeit von V
      (R = const)

der durch die Umformung hervorgerufenen Temperaturzunahme mit kleiner werdendem Volumen. Die Temperaturabnahme wird mit größer werdendem Volumen geringer. Bei großen Werkstücken wird die resultierende mittlere Werkstücktemperatur über der Ausgangstemperatur liegen, jedoch höchstens um den Betrag der Temperaturzunahme. Da diese im untersuchten Temperaturbereich verhältnismäßig klein ist (Tab. 1) – ausgenommen Umformungen bei Temperaturen unter 1000° C und großen Werten von R –, scheint es gerechtfertigt, für genügend große Werkstückvolumina (V > 250 · 10³ mm³) von der Annahme auszugehen, daß die Ausgangstemperatur bei der Umformung etwa erhalten bleibt.

2.123 Formänderungsverteilung und mittlere Formänderung

Die Formänderungsarbeit zur Umformung eines Volumens V ist

$$A = Y \cdot \bar{\varphi} \cdot V$$

($\bar{\varphi}$ = äquivalente Dehnung)

Die Umformarbeit je Volumeneinheit ist daher

$$\frac{A}{V} = Y \cdot \bar{\varphi}$$

also gleich dem Produkt aus Fließspannung und äquivalenter Dehnung.

Die Umformarbeit kann auch als Produkt aus Volumen und mittlerem Druck angesehen werden:

$$A = \bar{p} \cdot V$$

Die Arbeit je Volumeneinheit ist dann gleich dem mittleren Druck

$$\frac{A}{V} = \bar{p}$$

Daraus folgt:

$$\bar{p} = Y \cdot \bar{\varphi} \qquad \text{oder} \qquad \frac{\bar{p}}{Y} = \bar{\varphi}$$

Nach JOHNSON und KUDO [2] gilt beim axialsymmetrischen Dornen angenähert:

$$\frac{\bar{p}}{Y} = 0{,}8 + 1{,}27 \cdot \ln\frac{1}{1-R}$$

Die Abb. 11 zeigt den Verlauf von $\bar{p}/Y$ in Abhängigkeit von R. Diese Kurve liegt etwas über der entsprechenden Kurve für den ebenen Fall. Sie gilt für das reibungsfreie Dornen. Da bei den eigenen Versuchen Aufnehmer und Stempel geschmiert waren, wird dieser Kurvenverlauf den weiteren Betrachtungen zugrunde gelegt. Er folgt im Bereich $0{,}2 < R < 0{,}9$ der Funktion:

$$\frac{\bar{p}}{Y} = 0{,}8 + 1{,}27 \ln\frac{1}{1-R}$$

Damit kann die äquivalente Formänderung angegeben werden:

$$\bar{\varphi} = 0{,}8 + 1{,}27 \ln\frac{1}{1-R}$$

Sie ist ebenfalls in Abb. 11 abzulesen.

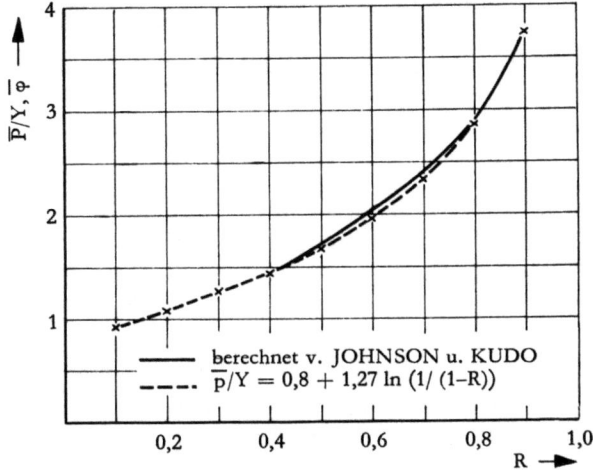

Abb. 11   Obere Schranke für $\bar{p}/Y$ und äquivalente Formänderung beim reibungsfreien Dornen
(nach JOHNSON und KUDO)

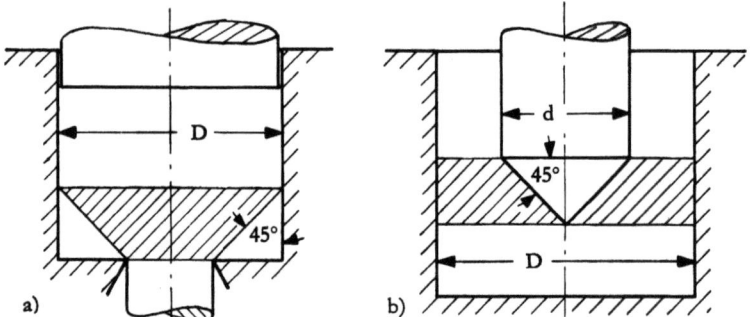

Abb. 12 Angenommene Umformzonen
 a) Fließpressen (nach FELTHAM) b) Dornen

2.124 Die mittlere Formänderungsgeschwindigkeit

Wenn man das Volumen der Umformzone kennt und dazu das in der Zeiteinheit austretende Werkstoffvolumen, kann die Zeit berechnet werden, die nötig ist, um die Umformzone zu füllen. Dividiert man die mittlere Formänderung durch diese Zeit, so erhält man einen Anhaltswert über die mittlere Formänderungsgeschwindigkeit beim Fließ- und Strangpressen. Hierbei handelt es sich zwar um einen groben Näherungswert, da aber eine Verdopplung der Formänderungsgeschwindigkeit keinen großen Einfluß auf die Formänderungsfestigkeit hat, scheint dies eine brauchbare Näherungsmethode zur Bestimmung der Formänderungsgeschwindigkeit zu sein. Um die Rechnung zu vereinfachen, hat FELTHAM vorgeschlagen [3], die Umformzone beim Strangpressen als einen Kegel anzusehen (Abb. 12a).

Für das Dornen wird eine Umformzone nach Abb. 12b angenommen. Ihr Volumen ist:

$$V_u = \frac{\pi}{8} d \left(D^2 - \frac{d^2}{3}\right)$$

Das in der Zeiteinheit durch den Ringspalt $\frac{\pi}{4}(D^2 - d^2)$ austretende Volumen ist bei einer Stempelgeschwindigkeit v:

$$V_d = \frac{\pi}{4} \cdot d^2 \cdot v$$

Die Zeit, die nötig ist, um die in der angenommenen Umformzone befindliche Werkstoffmenge zu verdrängen, beträgt dann:

$$T = \frac{V_u}{V_d} = \frac{D^2 - \frac{d^2}{3}}{2 \cdot d \cdot v} = \frac{3D^2 - d^2}{6 \cdot d \cdot v}$$

Die mittlere Formänderung war zu

$$\bar{\varphi} = 0{,}8 + 1{,}27 \ln \frac{1}{1-R}$$

angenommen worden.

Die mittlere Formänderungsgeschwindigkeit wird demnach:

$$\dot{\bar{\varphi}} = \left(0{,}8 + 1{,}27 \ln \frac{1}{1-R}\right) \frac{6 \cdot d \cdot v}{3 D^2 - d^2} \; [s^{-1}]$$

Die Formel gibt die mittlere Formänderungsgeschwindigkeit in Abhängigkeit vom Querschnittsverhältnis bzw. den Werkzeugabmessungen und der Stempelgeschwindigkeit v an. Diese ist in Waagerecht-Stauchmaschinen, die in der Regel durch einen Kurbeltrieb angetrieben werden, nicht konstant, sondern ändert sich mit dem Stempelweg. Es ist deshalb erforderlich, eine mittlere Stempelgeschwindigkeit zu ermitteln.

In Abb. 13 ist die Leerlaufgeschwindigkeit des Stauchschlittens der für die Versuche verwendeten Waagerecht-Stauchmaschine über dem Stempelweg aufgetragen. Als Nullpunkt wurde der vordere Umkehrpunkt des Schlittens gewählt. Wenn die Anfangslänge der Ausgangsform sowie die Bodendicke des umgeformten Stücks und damit auch der Umformweg bekannt sind, kann die Auftreffgeschwindigkeit des Stempels unmittelbar abgelesen werden.

Als mittlere Stempelgeschwindigkeit wurde der Integralmittelwert der Stempelgeschwindigkeit angesehen. Die Kurve $v_m = \frac{1}{s} \int_0^{s_1} v \cdot ds$ ist ebenfalls in Abb. 13 eingezeichnet.

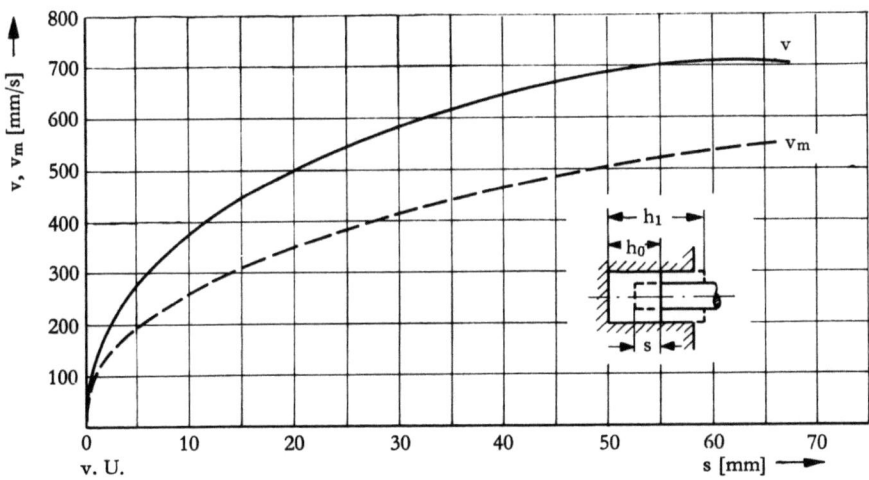

Abb. 13 Stempelgeschwindigkeit v und mittlere Stempelgeschwindigkeit v_m in Abhängigkeit vom Stempelweg

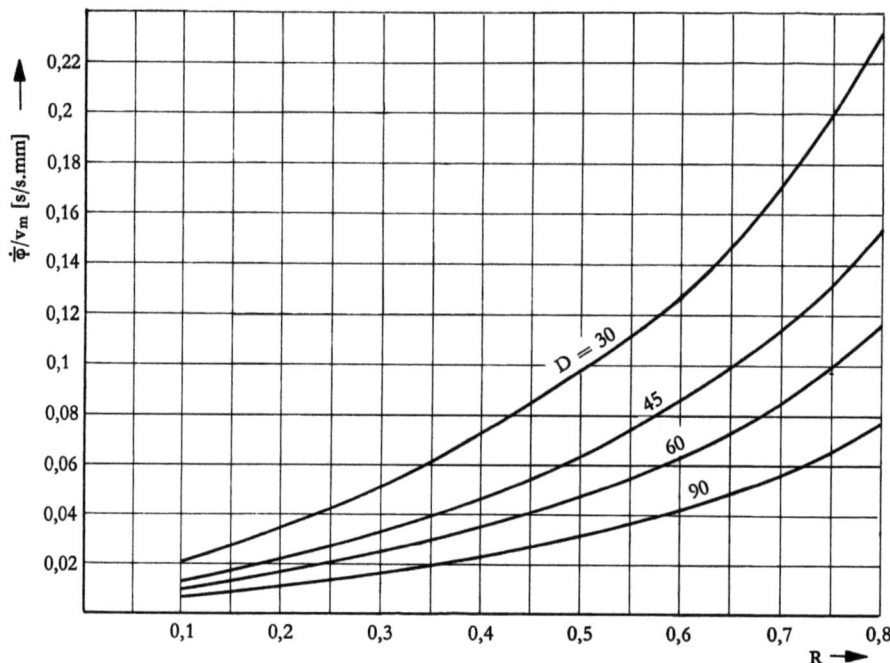

Abb. 14 Die bezogene mittlere Formänderungsgeschwindigkeit

In Abb. 14 ist die auf die mittlere Stempelgeschwindigkeit bezogene mittlere Formänderungsgeschwindigkeit dargestellt, d. h. die mittlere Formänderungsgeschwindigkeit für v = 1 mm/s.
Die mittlere Formänderungsgeschwindigkeit kann durch Multiplikation der aus Abb. 13 und 14 entnommenen Werte v_m und $\bar{\dot{\varphi}}/v_m$ bestimmt werden. Bei einem Durchmesser von 45 mm, einem Querschnittsverhältnis von 0,725 und einem Umformweg s des Stempels von 20 mm beträgt die mittlere Stempelgeschwindigkeit z. b. 350 mm/s und die mittlere Formänderungsgeschwindigkeit $\bar{\dot{\varphi}} = 42\ \mathrm{s}^{-1}$. Man erhält also bei größeren Werten von R Formänderungsgeschwindigkeiten, die denen beim Stauchen einer nicht zu niedrigen zylindrischen Probe in einem Hammer nahekommen.

2.125 Der bezogene mittlere Stempeldruck $\bar{p}_p/Y$

Für die in Abb. 7 in Abhängigkeit vom Querschnittsverhältnis aufgetragenen mittleren Stempeldrücke sind nunmehr die zugehörigen Werte der mittleren Temperatur, der mittleren Formänderung und der mittleren Formänderungsgeschwindigkeit bekannt. Es ist daher möglich, die entsprechenden Werte der Formänderungsfestigkeit anzugeben. Dabei sind jedoch einige Einschränkungen zu machen. Y ist außer vom Werkstoff von der Temperatur, der Formänderungsgeschwindigkeit und der Formänderung selbst abhängig. Es ist möglich, die Abkühlung beim Stauchversuch, der zur Ermittlung von Y dient, zu verhindern.

Man kann aber nicht die Temperaturzunahme unterbinden, da die Umformarbeit in Wärme umgesetzt wird. Allerdings ist die Temperaturzunahme bei den üblichen Stauchgraden gering, so daß ihr Einfluß vernachlässigt werden kann. Die Formänderungsgeschwindigkeit kann konstant gehalten und genau ermittelt werden. Der Einfluß der Formänderung ist dagegen bisher nur bis zu log. Höhenverhältnissen $\varphi = 0,8$ bekannt, da bei größeren Umformgraden der Reibungseinfluß nicht mehr ausgeschaltet werden kann. Die Kurven verlaufen dann bereits sehr flach, so daß man voraussetzt, sie änderten sich mit größeren Umformgraden nicht mehr. Unter diesen Voraussetzungen können die Kurven in Abb. 15, die nach Versuchsergebnissen von Cook [4] und Schack [5] für $\varphi = 0,7$ aufgetragen wurden, zur Bestimmung von $\bar{p}_p/Y$ benutzt werden.

In Abb. 16 ist $\bar{p}_p/Y$ in Abhängigkeit von f/F gezeichnet. Nach Berücksichtigung des Einflusses der Formänderungsgeschwindigkeit zeigt sich deutlicher als in Abb. 7 der theoretisch zu erwartende Kurvenverlauf. Die gemessenen Werte kommen den für glatte Werkzeuge berechneten recht nahe. Da Stempel und Aufnehmer sorgfältig geschmiert waren, kann eine nur geringe Reibung angenommen werden.

Die Kurven gelten für den Fall, daß die Abkühlung der Werkstücke vernachlässigt werden kann. Die mittleren Stempeldrücke betragen dann im Bereich $0,1 < R < 0,8$ das 3,5–4fache der Formänderungsfestigkeit.

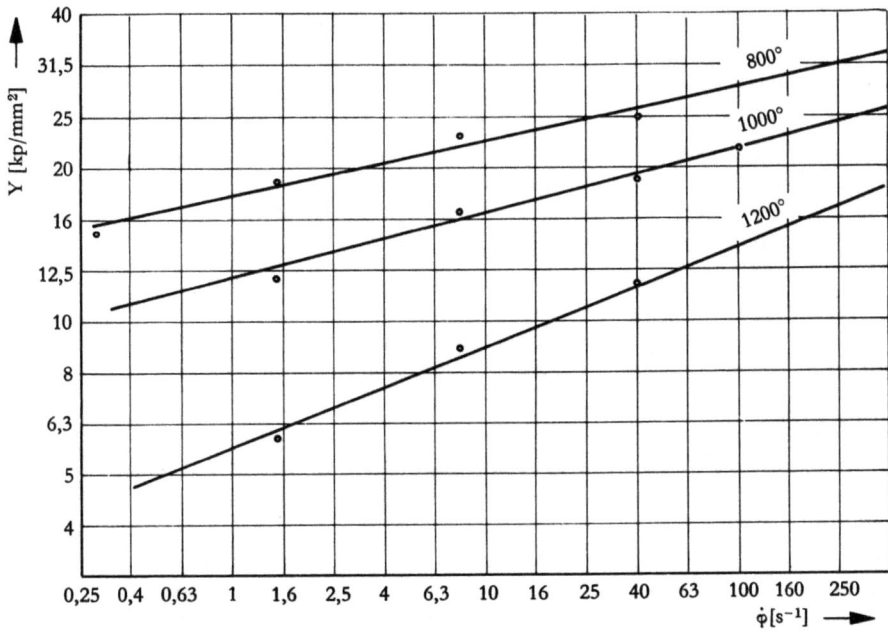

Abb. 15 Formänderungsfestigkeit von C 15 in Abhängigkeit von der Formänderungsgeschwindigkeit, $\varphi = 0,7$ (nach Cook und Schack)

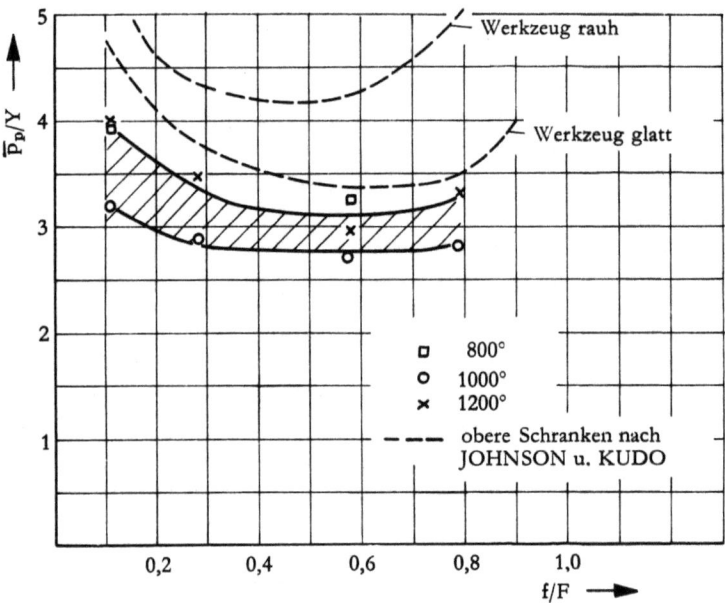

Abb. 16   Die bezogenen mittleren Stempeldrücke beim steigenden Dornen

2.13 Sonstige Einflüsse auf den mittleren Stempeldruck

Als die wichtigsten Einflüsse auf den Stempeldruck sind – wie z. T. schon erwähnt – die Formänderungsfestigkeit, das Querschnittsverhältnis, die Reibung und die Werkstück- oder Werkzeugform zu nennen. Die Formänderungsfestigkeit enthält den Werkstoff-, Temperatur- und Geschwindigkeitseinfluß. Die in Abb. 16 dargestellten Kurven gestatten es, den mittleren Stempeldruck zu berechnen, wenn die Fließkurven eines Werkstoffs in Abhängigkeit von Temperatur und Formänderungsgeschwindigkeit bekannt sind.

Die Reibungsbeiwerte sind zahlenmäßig schwer zu erfassen; sie liegen stets zwischen den Grenzzuständen eines ideal glatten und eines vollständig rauhen Werkzeugs. Die nicht genau bekannten Reibungsverhältnisse bringen einen Unsicherheitsfaktor in jede Kräfteberechnung hinein.

Der Werkzeugeinfluß läßt sich aufteilen in den Einfluß der Stempelkopfform, der Stempelform (zylindrisch oder kegelig, Querschnitt) und des Blockaufnehmers (Querschnitt, Teilung und Öffnung zum Einlegen der Stangen oder Stangenabschnitte).

Über den Einfluß der Stempelkopfform auf den mittleren Stempeldruck liegen Ergebnisse von SIEBEL und FANGMEIER vor [6]. Es wurden unter sonst gleichen Bedingungen die Kräfte beim Dornen mit Stempeln unterschiedlicher Kopfform miteinander verglichen: ein Flachstempel mit einer Kantenrundung von 2 mm, ein halbrunder Stempel mit einem Radius von 17,8 mm und ein Stempel mit halbkugeliger Spitze (Stempeldurchmesser 17,8 mm). Der Kraftverlauf beim

Flachstempel und beim abgerundeten Stempel war nahezu gleich. Beim Stempel mit halbkugeliger Spitze war die Kraft hingegen um das 1,2fache größer. Dies wird darauf zurückgeführt, daß der Werkstoff sich beim Steigen durch den allmählich sich verkleinernden Ringspalt bewegen muß, wobei er großen Radialkräften ausgesetzt ist. Diese erhöhen die Reibung am Stempel und an der Aufnehmerwand. Beim flachen Stempel kann dagegen der Werkstoff ungehindert aus der Umformzone abfließen. Dieser habe deshalb im Hinblick auf die Kräfte die günstigste Form. Diese Ergebnisse wurden jedoch von anderen Forschern nicht bestätigt. So ist nach HOFMANN [7] der Flachstempel nur bei großen Querschnittsverhältnissen überlegen, während bei kleinen Rundstempel geringere Kräfte erfordern sollen. Beim Kaltfließpressen (rückwärts) nimmt nach FELDMANN [8] der mittlere Stempeldruck ab, wenn die Stempelspitze kegelig ist. Wenn der halbe Kegelwinkel 80° beträgt, seien die Stempeldrücke um 5% geringer als beim flachen Stempel.

Nach JOHNSON [2] hängt der optimale Winkel der Stempelspitze von der Reibung und von der Querschnittsabnahme ab. Bei kleinen Reibbeiwerten verschiebt er sich gegen Null Grad (spitzer Stempel), mit zunehmender Reibung dagegen zu 90° hin, also zum Flachstempel. Wegen des starken Reibungseinflusses ist es sehr schwierig, zuverlässige Voraussagen über die Auswirkung der Stempelform auf die Kräfte in einem bestimmten Fall zu machen.

Wichtiger als der Einfluß der Kopfform ist der der Stempelform. Die oben angegebenen Versuchsergebnisse gelten für zylindrische Stempel. In der Praxis verwendet man diese jedoch nur bei geringen Dorntiefen. Da Abstreifer in einer Waagerecht-Stauchmaschine schwierig anzubringen sind, verhindert man das Festschrumpfen des Werkstücks durch kegelige Ausführung des Stempels. Übliche Werte für den halben Kegelwinkel sind: 1° bei einer Dorntiefe vom Drei- bis Fünffachen des Lochdurchmessers, 0,5° bei einer Dorntiefe bis zum Dreifachen des Lochdurchmessers. Bleibt die Dorntiefe unter dem 0,5fachen des Durchmessers, so erhält der Stempel keine Schräge. Ein kegeliger Stempel verursacht einen Anstieg der Kräfte im Vergleich zum Dornen mit zylindrischen Stempeln; der Kraftverlauf über dem Umformweg ist nicht mehr konstant, sondern steigt monoton bis zum Ende der Umformung an (Abb. 17). Die Abb. 18 zeigt die mittleren Stempeldrücke über dem Verhältnis der jeweiligen Bodendicke t zum Halbmesser D/2 des Werkstücks. In Abb. 19 ist schließlich das Verhältnis der mittleren Stempeldrücke beim Dornen mit kegeligen Stempeln zu denen beim Dornen mit zylindrischen Stempeln in Abhängigkeit vom Verhältnis 2 t/D aufgetragen. Mit Hilfe dieser Faktoren ist es möglich, die Kräfte beim Dornen mit kegeligen Stempeln näherungsweise zu bestimmen.

Eine Besonderheit, die den Vorgang beim Dornen in Waagerecht-Stauchmaschinen gegenüber dem Dornen in einem geschlossenen Blockaufnehmer abwandeln kann, ist die hintere Öffnung des Klemmbackenraumes zum Einlegen der Stange. Wenn die Stange nicht genügend geklemmt wird, kann ein Teil des Werkstoffs an dieser Stelle ausgepreßt werden. Dies führt nicht nur zu einer unerwünschten Verringerung der Werkstoffmenge im umzuformenden Stangenkopf, sondern auch zu einer Veränderung der Umformkräfte im Vergleich zum normalen

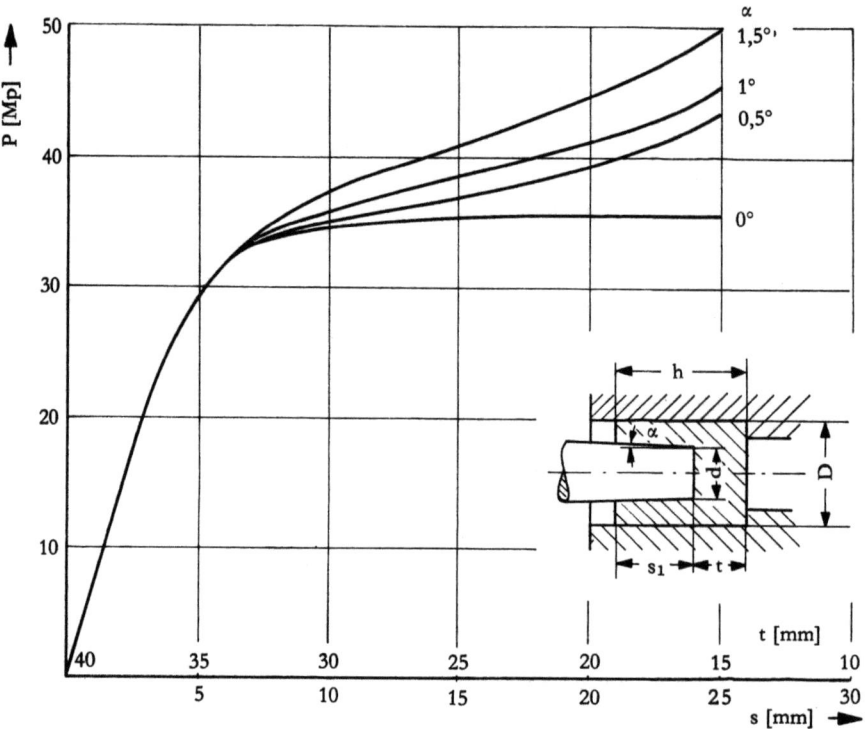

Abb. 17 Kraftverlauf beim steigenden Dornen mit kegeligen Stempeln
($D = 45$ mm, $R = 0,5$, $\vartheta = 1200°$ C)

Dornen. Es handelt sich nämlich dann um ein gleichzeitiges Fließpressen in Stempelrichtung und ihr entgegen. Dadurch wird die Kraft im Vergleich zum regelrechten Dornen herabgesetzt. Allerdings ist die Abnahme verhältnismäßig gering. Diese Beobachtungen gelten auch nur für das unbehinderte Ausfließen in beiden Richtungen. Wenn die Stange geklemmt wird, muß der rückwärts austretende Werkstoff die Reibung an den Klemmbacken überwinden; dies kann dann zu einer Zunahme der Preßkräfte gegenüber dem unbehinderten Fließen führen.

2.2 Breitendes Dornen

Der Vorgang des breitenden Dornens wurde an Proben nach Abb. 20 untersucht. D_A war jeweils so groß, daß nach dem Dornen ein Durchmesser von 40 mm erreicht wurde. d_1 war gleich dem Stempeldurchmesser. Die Proben bestanden aus C 15. Die Stempel waren zylindrisch und kegelig. Der Winkel der kegeligen Stempel betrug 20°.
Die Form der Kraftkurven beim breitenden Dornen mit zylindrischem Stempel unterscheidet sich nicht sehr von denen beim steigenden Dornen, wenn man vom

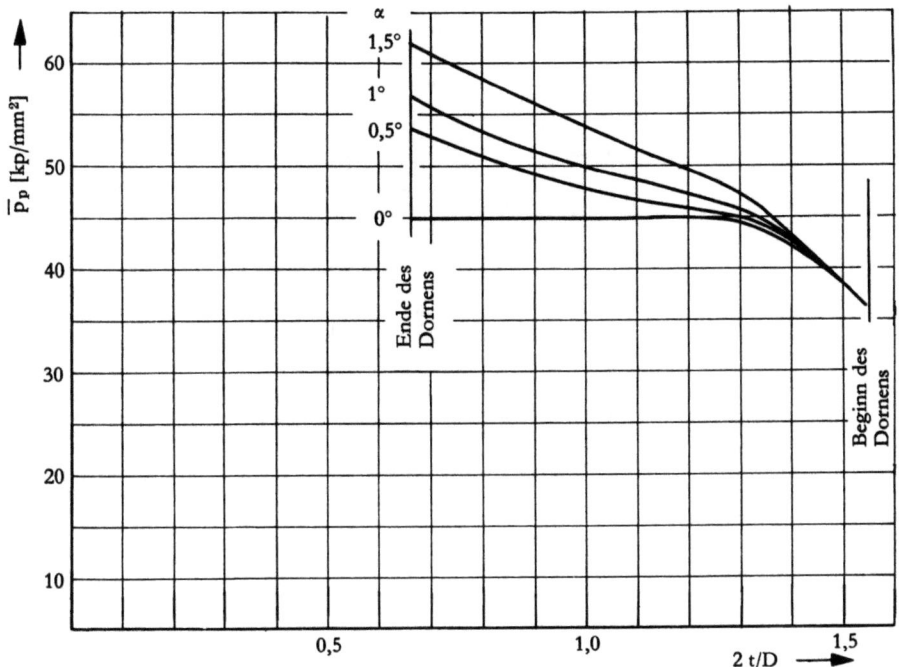

Abb. 18 Mittlere Stempeldrücke beim steigenden Dornen mit kegeligen Stempeln
(D = 45 mm, R = 0,5, ϑ = 1200°C)

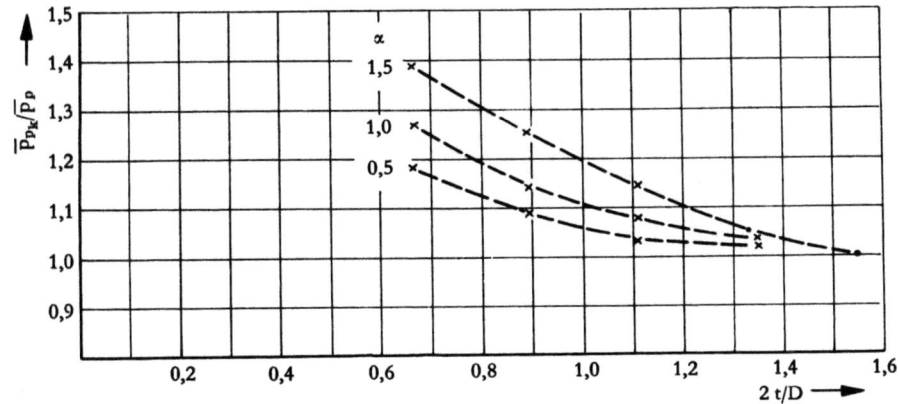

Abb. 19 Einfluß des Kegelwinkels auf den mittleren Stempeldruck
(D = 45 mm, R = 0,5, ϑ = 1200°C)

31

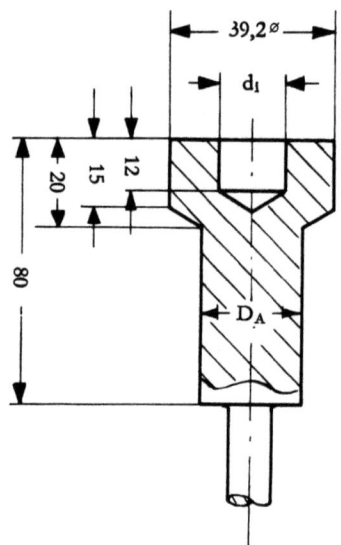

Abb. 20 Ausgangsformen für die Versuche über das breitende Dornen

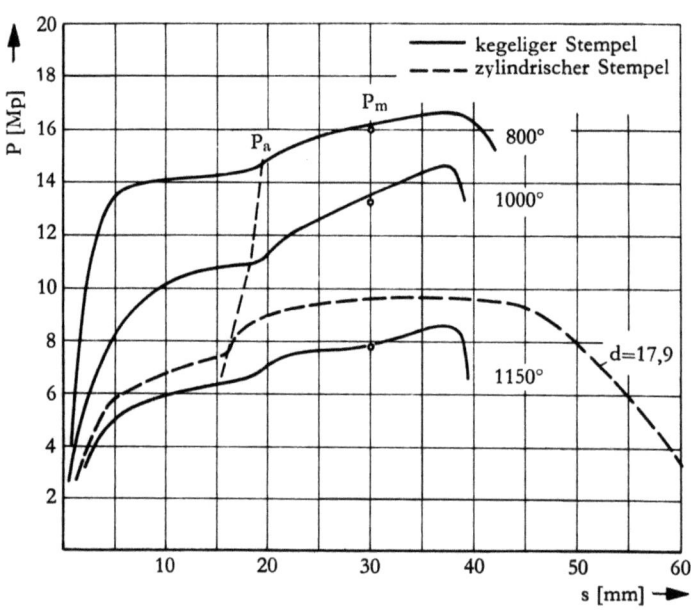

Abb. 21 Kraftverlauf beim breitenden Dornen
($D_A = 35,2$, $d = 16$ mm)

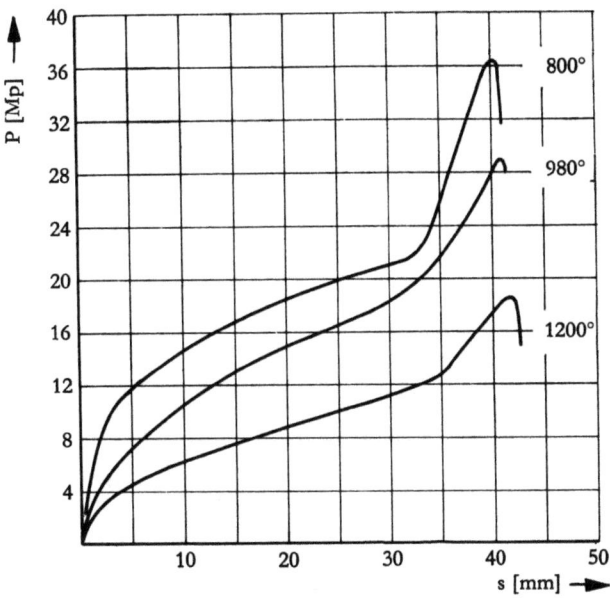

Abb. 22 Kraftverlauf beim breitenden Dornen
($D_A = 27,8$, d = 27,5 mm)

ersten Abschnitt absieht (Abb. 21). Die geringeren Kräfte zu Beginn sind darauf zurückzuführen, daß der flache Stempel beim Eindringen in die kegelige Vordornung das Werkstück zuerst nur in einer Ringzone berührt und sie dann allmählich einebnet. Die Kraft bleibt danach beim zylindrischen Stempel nahezu konstant und nimmt gegen Ende, wenn die noch nicht aufgeweitete Stücklänge kürzer wird als die Umformzone, stark ab. Beim Eindringen eines kegeligen Stempels macht sich der Einfluß des Kegels bei den vorliegenden Verhältnissen nach einem Umformweg von etwa 30 mm bemerkbar. Die Kraft steigt dann wie beim steigenden Dornen weiter an.

Diese Kurvenverläufe gelten nur bei kleinen Querschnittsverhältnissen. Bei einem Stempeldurchmesser von 28 mm sieht es anders aus (Abb. 22). Hier wird die Probe zuerst gestaucht und danach steigend gedornt. Bei $f/F = 0,35$ liegt die Grenze für das breitende Dornen. Sind die Querschnittsverhältnisse kleiner, ist ein breitendes Dornen möglich, bei größeren sollte man von vornherein steigend dornen. Dieser Zahlenwert gilt für das breitende Dornen mit flachem Stempel.

In Abb. 23 sind die mittleren Stempeldrücke beim breitenden Dornen dargestellt. Sie nehmen stärker mit dem Querschnittsverhältnis ab als beim steigenden Dornen. Für größere Werte von R sind sie 15–25% kleiner als beim steigenden Dornen. Um die Annahme zu untermauern, daß bei größeren Querschnittsverhältnissen die Werkstücke zuerst gestaucht und dann steigend gedornt werden, wurden die beiden Verfahren miteinander und mit den entsprechenden Stauchvorgängen verglichen.

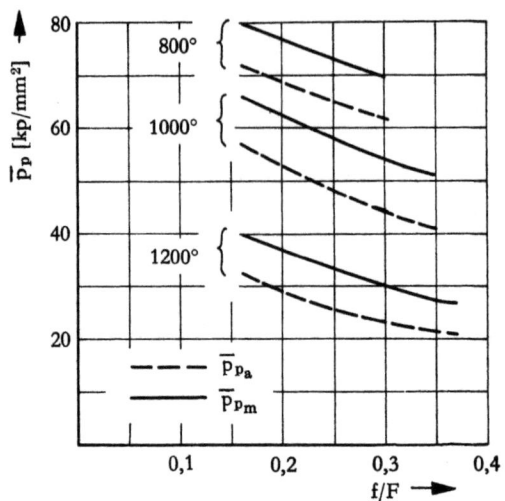

Abb. 23 Stempeldruck beim breitenden Dornen
(D = 40, Werkstoff C 15)

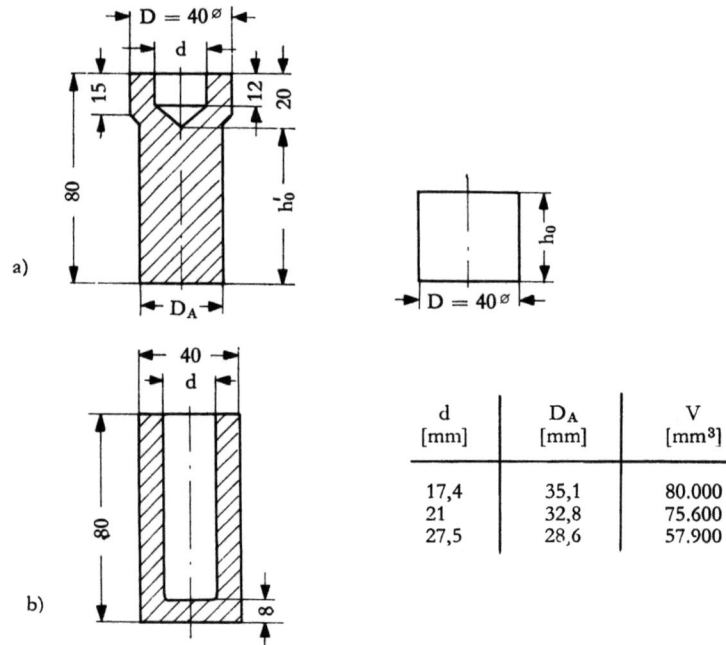

Abb. 24 Anfangsformen a) und Endform b) beim Verfahrensvergleich

d [mm]	D_A [mm]	V [mm³]
17,4	35,1	80.000
21	32,8	75.600
27,5	28,6	57.900

In Abb. 24 sind die Anfangs- und Endformen dargestellt, die dem Vergleich zugrunde liegen. Die Kraftkurven wurden entweder unmittelbar gemessen (für das breitende Dornen) oder aus Meßergebnissen umgerechnet (steigendes Dornen). In Abb. 25–27 sind jeweils eingezeichnet: die gemessene Kurve für das breitende Dornen, der Kurvenverlauf für das breitende Dornen bei 12 mm tiefer Verdornung, die Kurven für das steigende Dornen und die Stauchkurven. Für die Berechnung der Kraftkurven beim steigenden Dornen wurden die mittleren Stempeldrücke entsprechend dem Probenvolumen aus Abb. 8 entnommen.

Die Stauchkraftkurve wurde unter der Annahme berechnet, daß ein freies Stangenende von der Anfangslänge h_0' anzustauchen wäre. Die Umformwiderstände wurden für die vorliegenden Längen-Durchmesserverhältnisse früher gemessenen Kurven entnommen [9]. Es wurde ferner angenommen, daß sich die Proben parallelepipedisch verformen, d. h. zylindrisch bleiben. Unter dieser Annahme wurden die jeweiligen Querschnitte berechnet. In den Abb. 25–27 ist der Punkt der Stauchkraftkurven angegeben, bei dem der Probendurchmesser gleich dem Aufnehmerdurchmesser wird, die Proben sich also an die Werkzeugwände anlegen. Darüber hinaus ist ein freies Stauchen nicht möglich. Da die Reibung der Proben am Werkzeug nicht berücksichtigt ist, müssen die Kraftkurven als untere Grenzen der Stauchkraft angesehen werden.

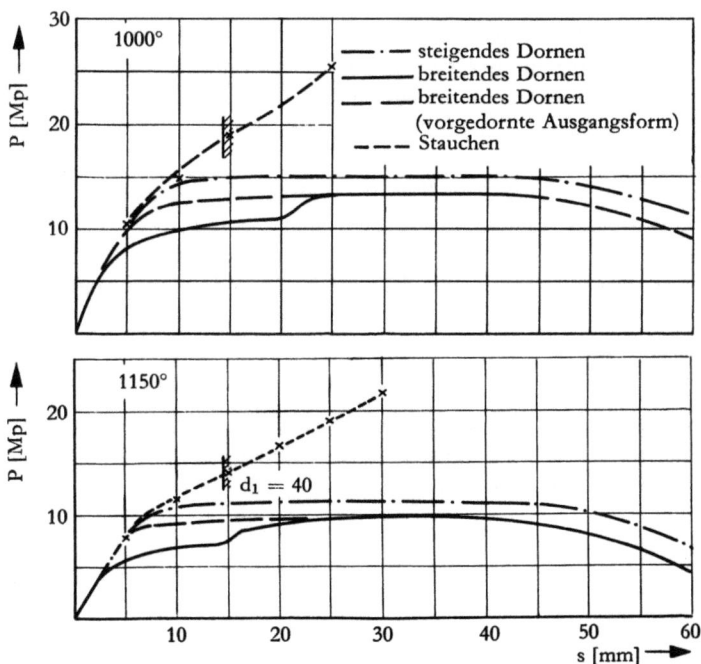

Abb. 25 Kräfte beim Dornen und Stauchen
($R = 0,2$, $D = 40$ mm, $d = 18$ mm, $D_A = 35,1$ mm)

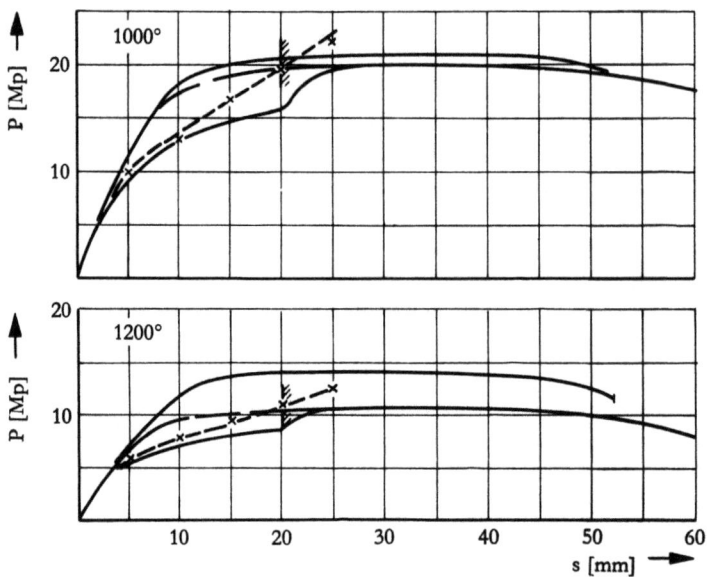

Abb. 26 Kräfte beim Dornen und Stauchen
(R = 0,275, D = 40 mm, d = 21 mm, D_A = 52,8 mm)

Die Umformwege beim steigenden und breitenden Dornen sind verschieden lang. Beim breitenden Dornen sind sie für alle Querschnittsverhältnisse gleich, beim steigenden Dornen werden sie dagegen mit größer werdendem Querschnittsverhältnis kleiner, da die Ausgangshöhe wegen des kleineren Volumens der Fertigform abnimmt.

Bei einem Querschnittsverhältnis R = 0,275 liegt die Stauchkraftkurve noch über der Kraftkurve beim breitenden Dornen einer vorgedornten Probe; da die erforderliche Stauchkraft größer ist als die Dornkraft, ist ein breitendes Dornen möglich (Abb. 26). Für R = 0,475 fällt die berechnete Stauchkraftkurve mit der gemessenen Kraftkurve beim breitenden Dornen zusammen. Dann steigt letztere bis auf den Wert an, der beim steigenden Dornen erreicht wird. Hieraus kann gefolgert werden, daß zuerst gestaucht und dann steigend gedornt wurde (Abb. 27).

Aus diesen Ergebnissen folgt, daß bei Querschnittsverhältnissen R > 0,35–0,4 der Vorgang in mehrere aufeinanderfolgende Dornoperationen aufgeteilt werden muß, wenn breitend gedornt werden soll.

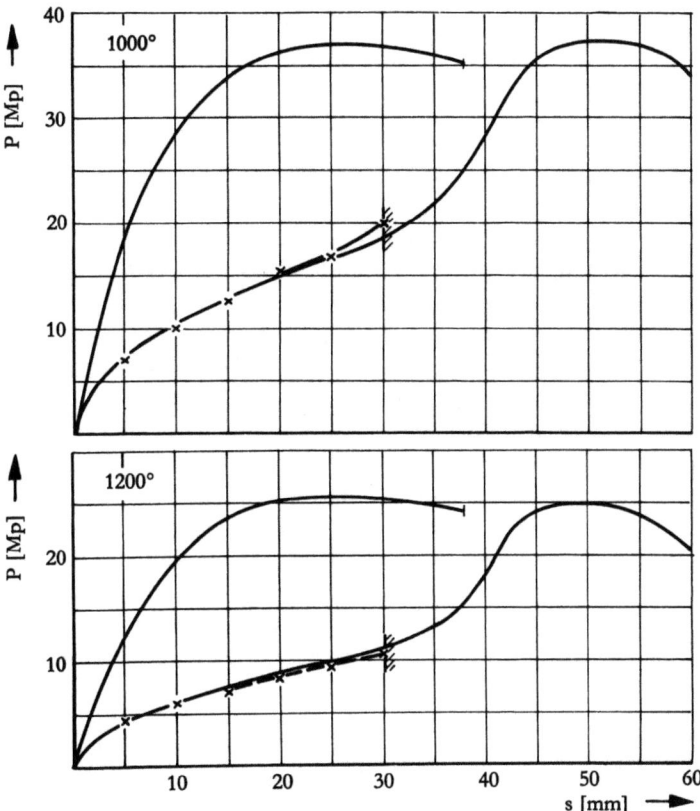

Abb. 27 Kräfte beim Dornen und Stauchen
(R = 0,475, D = 40 mm, d = 27,5 mm, D_A = 28,6 mm)

3. Zur Wahl der Maschinengröße beim Dornen

Die Entscheidung, ob eine Maschine bestimmter Größe für einen Dornvorgang geeignet ist, hängt nicht nur vom Größtwert der Dornkraft, sondern auch von ihrem Verlauf ab. Da der Hauptschlitten von Waagerecht-Stauchmaschinen in der Regel von einem Kurbeltrieb angetrieben wird, gelten für den Verlauf der Maschinenkraft dessen Gesetzmäßigkeiten. Die Maschinenkraft hat in der Hubmitte ein Minimum und steigt erst gegen Endes des Hubes auf die Nennkraft der Maschine an. Für die bei den Versuchen verwendete Waagerecht-Stauchmaschine ist die Kraftkurve des Stauchschlittens in Abb. 28 in Abhängigkeit vom Stempelweg bei einem Anpreßdruck von 5 und 6 at in der Reibscheibenkupplung angegeben. Bei einem Anpreßdruck von 5 at ist die Maschine erst auf den letzten 20 mm des Hubes in der Lage, eine Kraft von mehr als 30 Mp auszuüben.
Dieser Kraftverlauf stimmt mit dem Verlauf der Umformkraft beim Stauchen gut überein: Hierbei sind die Kräfte anfangs gering; sie steigen dann etwa in der gleichen Weise an wie die Maschinenkraft. Solange die Größtkraft unter der Nennkraft bleibt, ist der Umformvorgang möglich. Beim Dornen steigt die Umformkraft dagegen steil auf einen Wert an, der über einen längeren Weg konstant bleibt. Erst gegen Ende der Umformung, wenn der Dornvorgang instationär wird, kommt es zu einem steilen Anstieg der Kraft. Bei diesem Kraftverlauf ist die Umformung häufig nicht in einem Arbeitsgang möglich, wenn es sich um die Herstellung tiefer Löcher handelt. In Abb. 28 sind die Kraftkurven mehrerer Dornvorgänge eingezeichnet. Der Außendurchmesser der Ausgangsform beträgt 45 mm, die Umformtemperatur 1000°C, die gesamte Eindringtiefe des Stempels 25 mm; die Blöckchenlänge sei so groß, daß der Vorgang stationär bleibt. Bei einem Stempeldurchmesser $d = 24$ mm ist das Dornen noch möglich, bei einem Durchmesser von 34 mm dagegen nicht mehr. Die Maschine bleibt dann vielmehr nach einer Eindringtiefe von 2,5 mm stehen. Damit bei diesem Durchmesser gedornt werden kann, muß die gesamte Eindringtiefe auf 12,5 mm verkürzt werden (Kurve a). Man muß also u. U. mit Rücksicht auf die Umformkräfte den Dornvorgang in mehrere Operationen unterteilen, wobei dei Eindringtiefe so zu wählen ist, daß die Kurve der Dornkraft unter der Kraftkurve der Maschine bleibt.
Das breitende Dornen erfordert geringere Kräfte, aber um einen Hohlkörper mit einer Bohrung gleicher Tiefe zu erhalten, muß der Umformweg länger sein. Er entspricht der Lochtiefe abzüglich einer etwa bereits vorhandenen Verdornung. Insofern kann es vorkommen, daß das breitende Dornen in einem Zuge ebenso unmöglich ist wie ein vergleichbares steigendes Dornen. In Abb. 28 sind zwei Kurven für das breitende Dornen eingezeichnet. Die Kurve b) gibt den Kraftverlauf beim breitenden Dornen mit einem Stempel von 24 mm Durchmesser und einer Dorntiefe von 25 mm wieder. Die Kurve c) gilt für eine Dorntiefe von

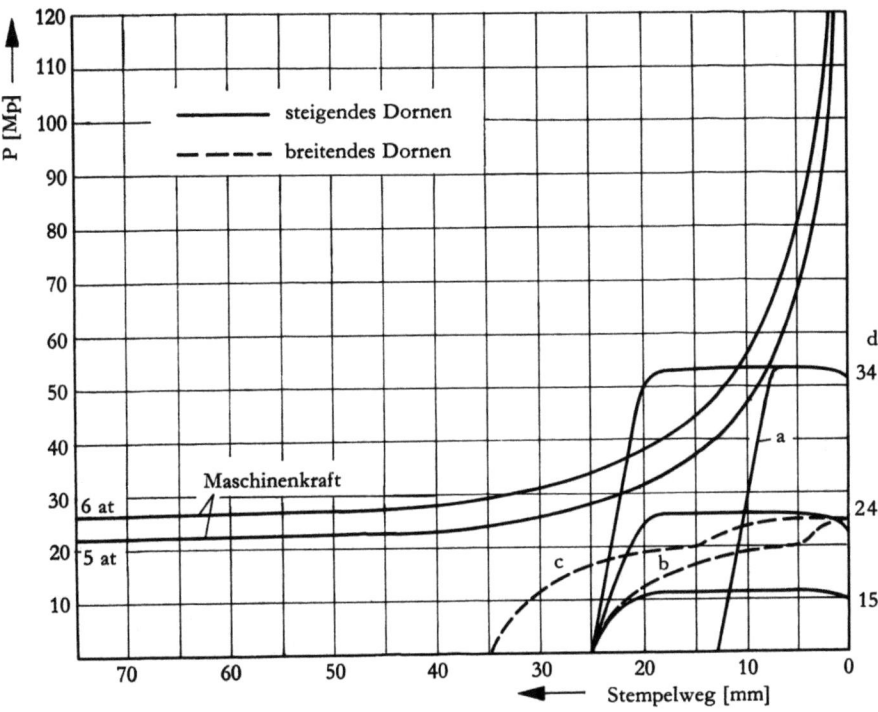

Abb. 28 Maschinenkraft und Umformkraft
(für $\vartheta = 1000°C$ und $D = 45$ mm)

35 mm, entspricht damit der Kurve für das steigende Dornen mit einem Stempel von 24 mm Durchmesser, da hierbei die Endform die gleichen Abmessungen annimmt. Die Kräfte sind anfangs zwar geringer, nähern sich aber am Ende denen beim steigenden Dornen. Außerdem ist zu erkennen, daß man auch beim breitenden Dornen sehr nahe an die Kraftkurve der Maschine herankommt, wenn die entsprechende Kurve für das steigende Dornen in deren Nähe liegt.

Wenn die Kraftkurve der Waagerecht-Stauchmaschine bekannt ist, kann man, wie die vorstehenden Ausführungen zeigen, einfach abschätzen, ob eine Dornoperation ohne Schwierigkeiten ausgeführt werden kann.

Ein Überschreiten des Nutzarbeitsvermögens ist beim Dornen seltener zu befürchten. In Abb. 29 ist die Umformarbeit über dem Stempelweg für diejenigen Dornvorgänge aufgetragen, die im Hinblick auf die Umformkräfte gerade noch möglich sind. Der Kraftverlauf wurde dabei idealisiert aus einem senkrechten Kraftanstieg und einer konstanten Dornkraft zusammengesetzt. Das Nennarbeitsvermögen der Maschine beträgt 1700 mkp (bei Drehzahlabfall auf Null). Läßt man einen Drehzahlabfall auf 75% der Nenndrehzahl zu, so erhält man ein Nutzarbeitsvermögen A_N der Maschine von 800 mkp. Die Schlagfolgezeit T_s ist dann 1,4 s, die Zahl der Nutzhübe $n_N = 40$. Bei einem Drehzahlabfall auf 57% ist A_N = 1200 mkp, $T_s = 1,55$ s und $n_N = 38$. Da beim steigenden Dornen in der betrachtenden Maschine Eindringtiefen des Stempels von mehr als 45 mm, d. i. die Hälfte des Nutzhubes – des Stauchschlittenhubes nach Schließen der Klemmbacken –, unwahrscheinlich sind, ist vom Arbeitsvermögen her keine wesentliche Beschränkung der Dornvorgänge gegeben, selbst wenn man berücksichtigt, daß die Umformarbeit infolge des Kraftanstieges bei instationärer Umformung größer wird.

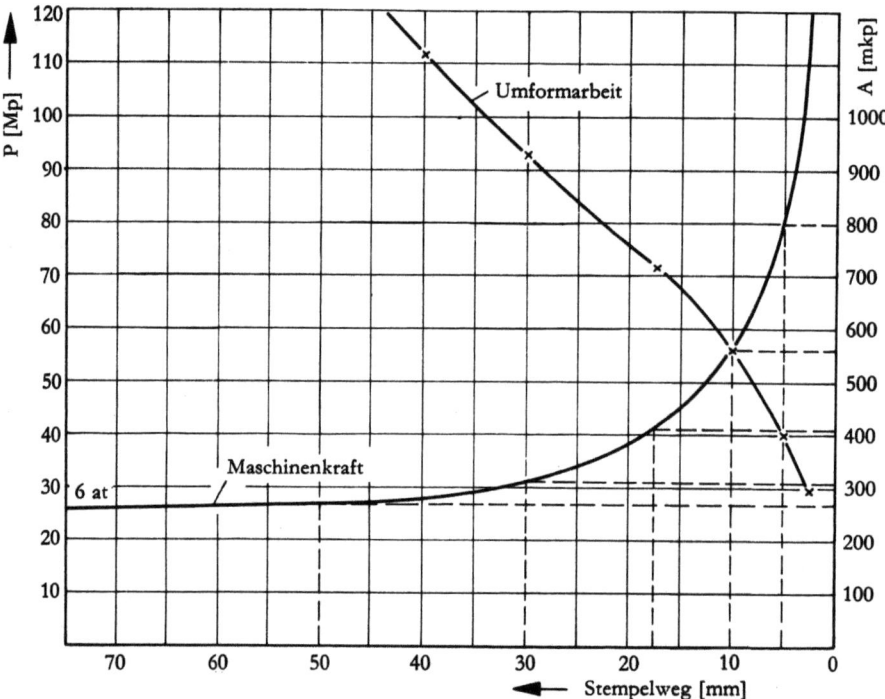

Abb. 29 Umformarbeit beim Dornen
(Grenzvorgänge)

4. Zur Genauigkeit beim Dornen

Eine wichtige Frage ist die nach der erzielbaren Genauigkeit. Es kommt vor allem auf die Schwankung der Wanddicke an. Deshalb wurde eine größere Anzahl von Proben bei konstanten Bedingungen geschmiedet, und anschließend wurden die Wanddicken gemessen (Abb. 30). In Tab. 2 sind die Mittelwerte aus jeweils 40 Messungen und die mittleren Fehler sowie die größten gemessenen Abweichungen vom Mittelwert angegeben.

Tab. 2 Mittlere und größte Schwankungen (in Klammern) der Wanddicke

Temperatur \ Wanddicke	W_1	W_2	W_1	W_2
1000° C	a) $3,22 \pm 0,13$ $\binom{+0,18}{-0,17}$	$3,66 \pm 0,15$ $\binom{+0,18}{-0,20}$	c) $14,71 \pm 0,084$ $(\pm 0,099)$	$14,77 \pm 0,061$ $(\pm 0,071)$
1200° C	b) $3,11 \pm 0,095$ $\binom{+0,15}{-0,10}$	$3,38 \pm 0,11$ $\binom{+0,19}{-0,18}$		

Gemessen wurde die Wanddicke senkrecht zur Teilfuge der Klemmbacken, da sich zwischen ihnen ein leichter Gratansatz gebildet hatte, der eine genaue Messung an dieser Stelle unmöglich machte. Die Unterschiede in den mittleren Wanddicken erklären sich daraus, daß der Stempel nicht genau mittig eingerichtet war.

Die Ergebnisse lassen erkennen, daß die Wanddickenschwankungen beim Dornen in Waagerecht-Stauchmaschinen um so größer werden, je kleiner die Wanddicke und je niedriger die Temperatur, d. h. je größer die Umformkraft ist. Die Schwankungen sind vor allem auf die Nachgiebigkeit des Klemmschlittens und das seitliche Ausweichen des Hauptschlittens zurückzuführen, während das Ausweichen des Stempels selbst nur eine geringere Rolle spielt. Dies ist aus der Tatsache zu entnehmen, daß die Maßschwankungen bei dünneren Stempeln geringer werden. Die Umformkräfte waren im Fall a) 55,5 Mp, im Fall b) 38,5 Mp und im Fall c) 5,5 Mp.

Wegen der geteilten Werkzeuge lassen sich diese Ergebnisse nicht auf das Warmfließpressen in einem ungeteilten Blockaufnehmer übertragen.

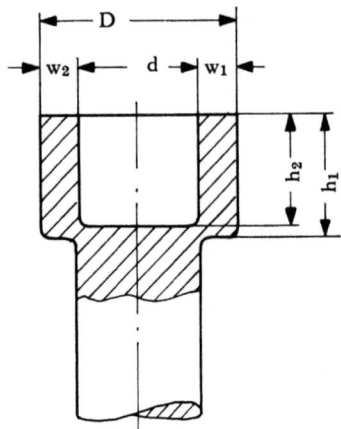
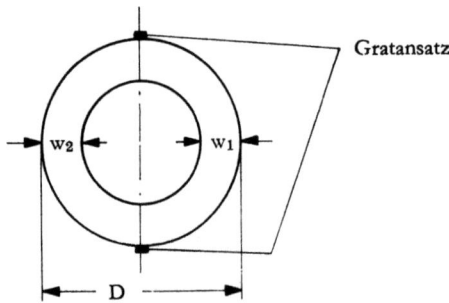

Abb. 30 Lage der Meßstellen bei der Messung der Wanddickenunterschiede

5. Zusammenfassung

In der Einleitung dieser Untersuchung wurden der Umformvorgang des Dornens gegen den Trennvorgang des Lochens abgegrenzt und ersterer weiter in die Vorgänge des steigenden, breitenden und freien Dornens gegliedert.
Für das steigende Dornen (Rückwärtsfließpressen) von Proben aus C 15 wurden anschließend die mittleren Stempeldrücke auf Grund von Messungen in einer Waagerecht-Stauchmaschine in Abhängigkeit von Temperatur (900–1200°C) und Querschnittsverhältnis ermittelt. Um zu allgemeinen Aussagen zu kommen, die auch für andere Werkstoffe und Maschinentypen gelten, wurden die mittleren Temperaturen, Formänderungen und Formänderungsgeschwindigkeiten beim Dornen bestimmt und die Stempeldrücke der Formänderungsfestigkeit zugeordnet. Als Ergebnis werden die Verhältnisse der mittleren Stempeldrücke zur Formänderungsfestigkeit in Abhängigkeit vom Querschnittsverhältnis angegeben. Dieses wird im Bereich $0,2 < f/F < 0,8$ (f = Stempelquerschnitt, F = Aufnehmerquerschnitt) nur wenig vom Querschnittsverhältnis beeinflußt. Die mittleren Stempeldrücke betragen im Temperaturbereich zwischen 900 und 1200°C das Drei- bis 3,5fache der Formänderungsfestigkeit.
Weiter wurde der Einfluß eines kegeligen Stempels auf den Kraftverlauf beim steigenden Dornen betrachtet und die mittleren Stempeldrücke zu denen beim Dornen mit einem zylindrischen Stempel in Beziehung gesetzt.
Für das breitende Dornen (Verdrängen des Werkstoffs quer zur Stempelbewegung) wurden ebenfalls die mittleren Drücke bestimmt. Dieses Verfahren findet eine Grenze, wenn die Dornkräfte größer werden als die zum Stauchen der Ausgangsform erforderlichen Kräfte. Sie liegt bei einem Querschnittsverhältnis von etwa 0,35.
Nach der Ermittlung der Kräfte beim Dornen wurde geprüft, in welchen Grenzen Dornvorgänge in Waagerecht-Stauchmaschinen ausgeführt werden können. Dazu wurde der Verlauf der Maschinenkraft mit den Kraftkurven beim Dornen verglichen. Es zeigte sich, daß bei großen Eindringtiefen häufig die Maschinenkraft im ersten Umformabschnitt nicht ausreicht.
Ein abschließender Abschnitt behandelt die Maßschwankungen von Werkstücken, die durch Dornen in Waagerecht-Stauchmaschinen hergestellt wurden.

Dr.-Ing. Heinz Meyer-Nolkemper

Literaturverzeichnis

[1] Schmieden in Waagerecht-Stauchmaschinen. VDI-Richtlinie 3184, VDI-Verlag GmbH, Düsseldorf 1963.
[2] JOHNSON, W., H. KUDO, The Mechanics of Metal Extrusion. Manchester University Press 1962.
[3] FELTHAM, P., Extrusion of Metals. Metal Treatment and Drop Forging 23 (1956), S. 440 ... 444.
[4] COOK, P. M., True stress-strain curves for steel. Veröffentlicht von: The Institution of Mech. Eng., Westminster 1957; vgl. Werkstattstechnik u. Masch.-Bau 48 (1958), S. 673–676.
[5] SCHACK, J., private Mitteilung.
[6] SIEBEL und FANGMEIER, Untersuchungen über den Kraftbedarf beim Pressen und Lochen. Mitt. KWI 13 (1931), S. 29 ... 41.
[7] HOFMANN, Die hydraulischen Schmiedepressen, nebst einer Untersuchung über den Vorgang beim Pressen eines Stahlstückes in geschlossener Matrize. Springer, Berlin 1912.
[8] FELDMANN, H., Fließpressen von Stahl. Berlin/Göttingen/Heidelberg: Springer-Verlag 1959.
[9] MEYER, H., Untersuchungen über den Umformvorgang in Waagerecht-Stauchmaschinen. Forschungsbericht des Landes Nordrhein-Westfalen, Nr. 890, Westdeutscher Verlag, Köln und Opladen 1960.

FORSCHUNGSBERICHTE
DES LANDES NORDRHEIN-WESTFALEN

Herausgegeben im Auftrage des Ministerpräsidenten Dr. Franz Meyers
von Staatssekretär Prof. Dr. h. c. Dr.-Ing. E. h. Leo Brandt

EISENVERARBEITENDE INDUSTRIE

HEFT 39
Forschungsgesellschaft Blechverarbeitung e. V., Düsseldorf
Aus den Arbeiten des Instituts für Werkzeugmaschinen an der Technischen Hochschule Hannover
Untersuchungen an prägegemusterten und vorgelochten Blechen
1953. 40 Seiten, 34 Abb. DM 9,50

HEFT 43
Forschungsgesellschaft Blechverarbeitung e.V., Düsseldorf
Forschungsergebnisse über das Beizen von Blechen
1953. 41 Seiten, 38 Abb., 3 Tabellen. Vergriffen

HEFT 51
Verein zur Förderung von Forschungs- und Entwicklungsarbeiten in der Werkzeugindustrie e. V., Remscheid
Untersuchungen an Kreissägeblättern für Holz, Fehler- und Spannungsprüfverfahren
1953. 39 Seiten, 23 Abb. DM 10,—

HEFT 56
Forschungsgesellschaft Blechverarbeitung e.V., Düsseldorf
Untersuchungen über einige Probleme der Behandlung von Blechoberflächen
1953. 41 Seiten, 42 Abb. DM 11,20

HEFT 60
Forschungsgesellschaft Blechverarbeitung e.V., Düsseldorf
Untersuchungen über das Spritzlackieren im elektrostatischen Hochspannungsfeld
1954. 82 Seiten, 53 Abb., 7 Tabellen. Vergriffen

HEFT 61
Verein zur Förderung von Forschungs- und Entwicklungsarbeiten in der Werkzeugindustrie e. V., Remscheid
Schwingungs- und Arbeitsverhalten von Kreissägeblättern für Holz I
1953. 43 Seiten, 31 Abb. DM 11,40

HEFT 65
Fachverband Schneidwarenindustrie, Solingen
Untersuchungen über das elektrolytische Polieren von Tafelmesserklingen aus rostfreiem Stahl
1954. 79 Seiten, zahlreiche Abb., 9 Tabellen.
DM 17,35

HEFT 87
Gemeinschaftsausschuß Verzinken, Düsseldorf
Untersuchungen über Güte von Verzinkungen
1954. 56 Seiten, 56 Abb., 3 Tabellen. Vergriffen

HEFT 98
Fachverband Gesenkschmieden, Hagen
Die Arbeitsgenauigkeit beim Gesenkschmieden unter Hämmern
1954. 117 Seiten, 55 Abb., 9 Tabellen. DM 24,75

HEFT 116
Prof. Dr.-Ing. E. Siebel und Dr.-Ing. Helmut Weiss, Stuttgart
Untersuchungen an einigen Problemen des Tiefziehens — I. Teil
1955. 59 Seiten, 50 Abb., 6 Tabellen. DM 14,50

HEFT 117
Dr.-Ing. H. Beißwänger, Stuttgart und
Dr.-Ing. S. Schwandt, Trier
Untersuchungen an einigen Problemen des Tiefziehens — II. Teil
1954. 77 Seiten, 34 Abb., 8 Tabellen. DM 17,70

HEFT 150
Prof. Dr.-Ing. Otto Kienzle und
Dipl.-Ing. F.Wilhelm Timmerbeil, Hannover
Das Durchziehen enger Kragen an ebenen Fein- und Mittelblechen
1955. 39 Seiten, 20 Abb., 8 Tabellen. DM 11,30

HEFT 177
Dipl.-Ing. Hans Stüdemann, Solingen und
Dr.-Ing. W. Müchler, Essen
Entwicklung eines Verfahrens zur zahlenmäßigen Bestimmung der Schneideigenschaften von Messerklingen
1956. 92 Seiten, 68 Abb., 4 Tabellen. DM 22,20

HEFT 224
Dipl.-Ing. Hans Stüdemann und Ing. R. Beu, Forschungsinstitut für die Schneidwarenindustrie an der Fachschule für Metallgestaltung und Metalltechnik, Solingen
Verfahren zur Prüfung der Korrosionsbeständigkeit von Messerklingen aus rostfreiem Stahl
1956. 82 Seiten, 28 Abb. DM 16,90

HEFT 225
Dr.-Ing. Eginhard Barz, Remscheid
Der Spannungszustand von Gattersägeblättern
1956. 63 Seiten, 54 Abb. DM 16,50

HEFT 277
Dr.-Ing. W. Müchler, Forschungsinstitut für Metallgestaltung und Metalltechnik, Solingen
Direktor: Dipl.-Ing. Hans Stüdemann
Untersuchung und zahlenmäßige Bestimmung der Schneideigenschaften von Messern mit besonderer Berücksichtigung rostfreier Messerstähle
1956. 47 Seiten, 27 Abb., 5 Tabellen. DM 13,20

HEFT 283
Prof. Dr. phil. Franz Wever und
Dr.-Ing. Werner Lueg, Max-Planck-Institut für Eisenforschung, Düsseldorf
Warmstauchversuche zur Ermittlung der Formänderungsfestigkeit von Gesenkschmiede-Stählen
1956. 31 Seiten, 19 Abb. DM 9,90

HEFT 285
Prof. Dr.-Ing. Otto Kienzle, Dr.-Ing. Kurt Lange und Dipl.-Ing. Helmut Meinert, Institut für Werkzeugmaschinen und Umformtechnik der Technischen Hochschule Hannover
Einfluß der Oberfläche auf das Verschleißverhalten von Schmiedegesenken
1956. 50 Seiten, 29 Abb., 8 Tabellen. DM 14,60

HEFT 286
Dr.-Ing. Kurt Lange, Dipl.-Ing. Helmut Meinert, unter Mitarbeit von Dr.-Ing. Heinz Arend, Institut für Werkzeugmaschinen und Umformtechnik der Technischen Hochschule Hannover
Verschleißverhalten hartverchromter Schmiedegesenke
1956. 62 Seiten, 53 Abb., 6 Tabellen. DM 17,65

HEFT 321
Prof. Dr. phil. Franz Wever und
Dr. phil. Wolfgang Wepner, Max-Planck-Institut für Eisenforschung, Düsseldorf
Gleichzeitige Bestimmung kleiner Kohlenstoff- und Stickstoffgehalte im α-Eisen durch Dämpfungsmessung
1956. 17 Seiten, 4 Abb., 3 Tabellen. DM 6,80

HEFT 322
Prof. Dr.-Ing. Franz Bollenrath und
Dipl.-Ing. Wilhelm Domke, Aachen
Eigenspannungen in vergüteten, dickwandigen Stahlzylindern nach Oberflächenhärtung mit induktiver Erwärmung
1956. 17 Seiten, 9 Abb., 2 Tabellen. DM 6,90

HEFT 360
Dr.-Ing. Eginhard Barz, Remscheid
Fertigungsverfahren und Spannungsverlauf bei Kreissägeblättern für Holz
1957. 68 Seiten, 40 Abb., DM 17,—

HEFT 367
Dr. rer. nat. Dietrich Horstmann, Max-Planck-Institut für Eisenforschung und Gemeinschaftsausschuß Verzinken, Düsseldorf
Der Angriff eisengesättigter Zinkschmelzen auf kohlenstoff-, schwefel- und phosphorhaltiges Eisen
1957. 42 Seiten, 22 Abb., 6 Tabellen. DM 12,85

HEFT 375
Technischer Überwachungs-Verein e. V., Essen
Wanddickenmessungen mittels radioaktiver Strahlen und Zählrohrgerät
1958. 24 Seiten, 15 Abb. DM 9,55

HEFT 376
Technischer Überwachungs-Verein e. V., Essen
Wasserumlaufprobleme an Hochdruckkesseln
1958. 126 Seiten, 56 Abb., 8 Tabellen. DM 32,60

HEFT 377
Technischer Überwachungs-Verein e. V., Essen
Versuche an Wanderrostkesseln mit befeuchteter Verbrennungsluft
1958. 35 Seiten, 19 Abb., 2 Tabellen. DM 12,20

HEFT 395
Dipl.-Ing. Ludwig Hahn, Clausthal-Zellerfeld
Untersuchungen zur Frage des optimalen Bohrloch- und Patronendurchmessers
1957. 119 Seiten, 49 Abb., 19 Tabellen. DM 31,25

HEFT 445
Dr. Ing. Eginhard Barz, Remscheid
Fertigungs- und Prüfverfahren für Feilen
Vergriffen

HEFT 447
Prof. Dr.-Ing. Franz Bollenrath, Aachen
Dr.-Ing. H. Füllenbach, Seesen und
Dipl.-Ing. J. Schumacher
Entwicklung rationell arbeitender Spritzkabinen
1958. 44 Seiten, 26 Abb. Vergriffen

HEFT 473
Prof. Dr. phil. Franz Wever, Dr.-Ing. Werner Lueg und Dipl.-Ing. Paul Funke jr., Max-Planck-Institut für Eisenforschung, Düsseldorf
Versuche an einer hydraulischen 25-t-Stangenziehbank
1957. 22 Seiten, 11 Abb. DM 8,95

HEFT 557
*Dr.-Ing. Hans Schiffers, Dipl.-Ing. Dieter Ammann,
Dipl.-Ing. Erich Brugger und Dipl.-Ing. Rudolf Dicke,
Gießerei-Institut der Rhein.-Westf. Technischen Hochschule Aachen*
Härtbarkeit von Gußeisen mit Lamellen- und Kugelgraphit in Abhängigkeit von Zusammensetzung und Gefüge
1958. 29 Seiten, 24 Abb., 1 Tabelle. DM 11,—

HEFT 630
*Prof. Dr. phil. Walter Koch und
Dr. techn. Dipl.-Ing. Hanns Malissa, Max-Planck-Institut für Eisenforschung, Düsseldorf*
Beiträge zur Spurenanalyse im Reinsteisen
1958. 25 Seiten, 8 Tabellen. DM 7,60

HEFT 639
*Prof. Dr.-Ing. habil. Karl Krekeler,
Dr.-Ing. Heinz Peukert und Dipl.-Ing. Otto Schwarz,
Institut für Kunststoffverarbeitung an der Rhein.-Westf.
Technischen Hochschule Aachen*
Auswertung der in- und ausländischen Literatur auf dem Gebiete des Metallklebens
1958. 152 Seiten. Vergriffen

HEFT 655
*Dr. rer. pol. A. Theodor Wuppermann,
Prof. Dr.-Ing. M. Pfender und
Reg.-Rat Dipl.-Ing. E. Amedick, Im Auftrage des
Vereins Deutscher Eisenhüttenleute, Düsseldorf*
Untersuchung des Einflusses von Oberflächenfehlern auf die Dauerhaltbarkeit von Kurbelwellen
1958. 48 Seiten, 101 Abb., 4 Tabellen. DM 10,—

HEFT 680
*Prof. Dr. phil. Walter Koch,
Dr.-Ing. Angelika Schrader,
Dr.-Ing. habil. Alfred Krisch und
Dipl.-Phys. Helmut Rohde, Max-Planck-Institut für
Eisenforschung, Düsseldorf*
Änderungen im Gefügeaufbau austenitischer Chrom-Nickel-Stähle bei Zeitstandversuchen von mehrjähriger Dauer
1959. 37 Seiten, 23 Abb., 5 Tabellen. DM 12,20

HEFT 681
*Prof. Dr.-Ing. Dr.-Ing. E. h. Hermann Schenck und
Dr.-Ing. Werner Wenzel, Institut für Eisenhüttenwesen
der Rhein.-Westf. Technischen Hochschule Aachen*
Die Reduktion von Eisenerzen im Elektro-Fließbett
1959. 76 Seiten, 20 Abb., 12 Tabellen. DM 19,60

HEFT 693
*Prof. Dr.-Ing. Otto Kienzle,
Dr.-Ing. Friedrich Wilhelm Timmerbeil und
Dr.-Ing. Thomas Jordan, Hannover*
Einige Untersuchungen über das Schneiden von Blechen
1959. 55 Seiten, 54 Abb., 3 Tabellen. DM 17,40

HEFT 702
*Prof. Dr. phil. Walter Koch und
Dipl.-Phys. Dr. rer. nat. Hans Lüdering, Max-Planck-Institut für Eisenforschung, Düsseldorf*
Statistische Auswertung von Thomasroheisenproben guter und schlechter Verblasbarkeit
1959. 20 Seiten, 3 Abb., 3 Tabellen. DM 6,50

HEFT 703
*Prof. Dr. phil. Walter Koch und
Dipl.-Phys. Dr. phil. Heinz Sundermann, Max-Planck-Institut für Eisenforschung, Düsseldorf*
Isolierungstechnische Untersuchungen an Thomasroheisen
1959. 28 Seiten, 16 Abb., 1 Tabelle. DM 9,—

HEFT 705
*Dr.-Ing. Karl Ernst Mayer, Dr.-Ing. Helmut Knüppel,
Ing. Arthur Stumpf, Dortmund-Hörder-Hüttenunion
AG., Dortmund, und Prof. Dr. phil. Walter Koch,
Max-Planck-Institut für Eisenforschung, Düsseldorf*
Wege zur automatischen Überwachung des Thomasverfahrens
1959. 56 Seiten, 20 Abb., 7 Tabellen. DM 14,80

HEFT 714
*Prof. Dr.-Ing. Wilhelm Patterson, Gießerei-Institut
der Rhein.-Westf. Technischen Hochschule Aachen*
Wirkung einer Gasspülung auf den Magnesiumverbrauch bei der Herstellung von Gußeisen mit Kugelgraphit
1959. 44 Seiten, 35 Abb., 14 Tabellen. DM 13,40

HEFT 728
Dr.-Ing. Klaus Spies, Dortmund
Die Zwischenformen beim Gesenkschmieden und ihre Herstellung durch Formwalzen
1959. 113 Seiten, 61 Abb., 2 Tabellen. DM 29,60

HEFT 740
*Dr. rer. nat. Dietrich Horstmann, Max-Planck-Institut für Eisenforschung und Gemeinschaftsausschuß
Verzinken, Düsseldorf*
Einfluß einiger Eisen- und Zinkbegleiter auf Größe und Art des Zinkangriffs auf Eisen
1959. 38 Seiten, 22 Abb., 1 Tabelle. DM 12,60

HEFT 741
*Dipl.-Ing. Hans Stüdemann, Dipl.-Ing. Fritz Esselborn
und Ing. Hermann Hartmann, Forschungsinstitut an der
Fachschule für Metallgestaltung und Metalltechnik,
Solingen*
Untersuchungen zur Prüfung der Korrosionsbeständigkeit rostbeständiger Besteckbleche aus Chromstahl
1959. 31 Seiten, 30 Abb., 4 Tabellen. DM 10,30

HEFT 742
*Dr.-Ing. Eginhard Barz, Verein zur Förderung von
Forschungs- und Entwicklungsarbeiten in der Werkzeugindustrie e. V., Remscheid*
Schneideigenschaften von schneidenden Zangen und Prüfverfahren
1959. 66 Seiten, 40 Abb., 4 Tabellen. DM 18,40

HEFT 757
*Dr.-Ing. Angelika Schrader und
Dr.-Ing. habil. Alfred Krisch, Max-Planck-Institut für
Eisenforschung, Düsseldorf*
Mikroskopische Beobachtungen von Ausscheidungen in austenitischen und ferritischen Stählen nach dem Kriechversuch
1959. 21 Seiten, 22 Abb., 1 Tabelle. DM 8,60

HEFT 780
*Prof. Dr. phil. Franz Wever, Dr.-Ing. Werner Lueg und
Dr.-Ing. Paul Funke, Max-Planck-Institut für Eisenforschung, Düsseldorf*
Untersuchung von Walzölen und Walzölemulsionen im Kaltwalzversuch
1959. 68 Seiten, 28 Abb., mehr. Tabellen. DM 18,50

HEFT 781
Verein zur Förderung von Forschungs- und Entwicklungsarbeiten in der Werkzeugindustrie e. V., Remscheid
Verformungseinflüsse bei der Feilenherstellung
1959. 65 Seiten, 39 Abb. DM 20,—

HEFT 840
*Prof. Dr. phil. Franz Wever,
Dr.-Ing. Hans-Günter Müller und
Dr.-Ing. Paul Funke, Max-Planck-Institut für Eisenforschung, Düsseldorf*
Versuchsmäßige und rechnerische Bestimmung von Walzkraft und Drehmoment unter Einwirkung von Bandzugspannungen beim Kaltwalzen von Bandstahl
1960. 36 Seiten, 12 Abb., 3 Tafeln. DM 10,90

HEFT 841
Dr. rer. nat. Hubert Blanck, Max-Planck-Institut für Eisenforschung, Düsseldorf
Untersuchungen zur Kinetik des Martensitzerfalls
1960. 33 Seiten, 11 Abb., kart. DM 10,30

HEFT 848
Dipl.-Ing. Hans-Jochen Stöter, Institut für Werkzeugmaschinen und Umformtechnik der Technischen Hochschule Hannover
Untersuchung des Schmiedevorganges in Hammer und Presse, insbesondere hinsichtlich des Steigens
1960. 133 Seiten, 62 Abb., 8 Tabellen. DM 35,60

HEFT 889
Dr.-Ing. Werner Hufschmidt, Lehrstuhl für Heizung und Lüftung an der Rhein.-Westf. Technischen Hochschule Aachen
Die Eigenschaften von Rippenrohrluftkühlern im Arbeitsbereich der Klimaanlage
1960. 125 Seiten, 37 Abb. DM 33,30

HEFT 890
Dr.-Ing. Heinz Meyer, Institut für Werkzeugmaschinen und Umformtechnik, Technische Hochschule Hannover
Untersuchungen über den Umformvorgang in Waagerecht-Stauchmaschinen
1960. 75 Seiten, 61 Abb., 3 Tabellen. DM 21,90

HEFT 916
*Dipl.-Ing. Hans-Joachim Crasemann, Forschungsstelle Blechbearbeitung am Institut für Werkzeugmaschinen und Umformtechnik der Technischen Hochschule Hannover
Direktor: Prof. Dr.-Ing. Dr.-Ing. E. h. Otto Kienzle*
Der offene, kreuzende Scherschnitt an Blechen
1960. 138 Seiten, 66 Abb., 10 Tabellen. DM 40,70

HEFT 1000
*Dipl.-Ing. Hartmut Tolkien, Institut für Werkzeugmaschinen und Umformtechnik der Technischen Hochschule Hannover
Direktor: Prof. Dr.-Ing. Dr.-Ing. E. h. Otto Kienzle*
Schmierwirkungen in Schmiedegesenken
*1961. 150 Seiten, 75 Abb., 2 Tabellen,
1 Anhang. DM 44,90*

HEFT 1004
Dr.-Ing. Eginhard Barz, Verein zur Förderung von Forschungs- und Entwicklungsarbeiten in der Werkzeugindustrie e. V., Remscheid
Untersuchung von Schraubendrehern und Schraubenverbindungen
1961. 68 Seiten, 26 Abb., 12 Tabellen. DM 22,30

HEFT 1027
Dr.-Ing. Eginhard Barz, Verein zur Förderung von Forschungs- und Entwicklungsarbeiten in der Werkzeugindustrie e. V., Remscheid
Prüfung von Feilen
1961. 57 Seiten, 23 Abb., 7 Tabellen. DM 20,50

HEFT 1028
Dr.-Ing. Siegfried Stendorf, Verein zur Förderung von Forschungs- und Entwicklungsarbeiten in der Werkzeugindustrie e. V., Remscheid
Das Gleitstauchen von Schneidezähnen an Sägen für Holz
1961. 138 Seiten, 85 Abb., 9 Tabellen. DM 47,10

HEFT 1056
*Dr.-Ing. Oskar Pawelski und Dr.-Ing. Werner Lueg †,
Max-Planck-Institut für Eisenforschung, Düsseldorf*
Der Spannungszustand beim Ziehen und Einstoßen von runden Stangen
1962. 106 Seiten, 35 Abb., 10 Tabellen. DM 33,60

HEFT 1089
*Direktor Dipl.-Ing. Hans Stüdemann und
Dr.-Ing. Fritz Esselborn, Forschungsinstitut an der Fachschule für Metallgestaltung und Metalltechnik, Solingen*
Untersuchungen über den Einfluß der Zusammensetzung und Gefügeausbildung auf das Härtungsverhalten des Stahles X 40 Cr 13
1962. 37 Seiten, 37 Abb., 8 Tabellen. DM 17,—

HEFT 1091
Dipl.-Ing. Kurt Buchmann, Forschungsgesellschaft Blechverarbeitung e. V., Düsseldorf
Beitrag zur Verschleißbeurteilung beim Schneiden von Stahlfeinblechen
1962. 126 Seiten, 77 Abb. DM 71,40

HEFT 1129
Prof. Dr.-Ing. Joseph Mathieu, Forschungsinstitut für Rationalisierung an der Rhein.-Westf. Technischen Hochschule, Aachen, im Auftrage des Fachverbandes Gesenkschmieden im Wirtschaftsverband Stahlverformung, Hagen
Richtwerte für eine Platzkostenrechnung in der Gesenkschmiedeindustrie
1963. 54 Seiten, 7 Tabellen, 52 Seiten tabellarischer Anhang. DM 63,30

HEFT 1140
Direktor Dipl.-Ing. Hans Stüdemann und Dipl.-Ing. Fritz Esselborn, Forschungsinstitut an der Fachschule für Metallgestaltung und Metalltechnik, Solingen
Einflüsse der Prüfbedingungen auf die Ergebnisse von Schneideigenschaftsprüfungen an Messern
1962. 33 Seiten, 24 Abb. DM 14,80

HEFT 1162
Prof. Dr.-Ing. Dr.-Ing. E. h. Otto Kienzle und Dipl.-Ing. Manfred Meyer, im Auftrage der Forschungsgesellschaft Blechverarbeitung e.V., Düsseldorf
Verfahren zur Erzielung glatter Schnittflächen beim vollkantigen Schneiden von Blech
1963. 114 Seiten, 71 Abb., 6 Tabellen. DM 60,40

HEFT 1164
Dr.-Ing. Eginhard Barz u. a., Verein zur Förderung von Forschungs- und Entwicklungsarbeiten in der Werkzeugindustrie e.V., Remscheid
Teil I: Arbeitsverhalten von scheibenförmigen Werkzeugen
Teil II: Schnittversuche von verleimten Holzwerkzeugen
1963. 90 Seiten, 16 Abb., 6 Tabellen. DM 44,80

HEFT 1171
Prof. Dr.-Ing., Dr.-Ing E. h. Otto Kienzle und Dipl.-Ing. Kurt Haverbeck, Hannover, im Auftrage der Forschungsgesellschaft Blechverarbeitung e.V., Düsseldorf
Das Herstellen von Außenborden an Blechteilen zwischen Stempel und Ring
1963. 96 Seiten, 58 Abb. DM 54,50

HEFT 1347
Dr. rer. nat. Dietrich Horstmann, Max-Planck-Institut für Eisenforschung und Gemeinschaftsausschuß Verzinken, Düsseldorf
Allgemeine Gesetzmäßigkeiten des Einflusses von Eisenbegleitern auf die Vorgänge beim Feuerverzinken
1964. 27 Seiten, 17 Abb. 2 Tabellen. DM 16,50

HEFT 1348
Prof. Dr.-Ing. Dr. h. c. Herwart Opitz, Dr.-Ing. Wilfried König und Dipl.-Ing. D. Neumann
Laboratorium für Werkzeugmaschinen und Betriebslehre der Rhein.-Westf. Technischen Hochschule Aachen
Einfluß verschiedener Schmelzen auf die Zerspanbarkeit von Gesenkschmiedestücken

HEFT 1349
Dr.-Ing. Tin Ming Wu, Forschungsstelle Gesenkschmieden an der Technischen Hochschule Hannover
Untersuchungen über das Auftragsschweißen von Gesenken für Schmiedestücke aus Stahl
1964. 46 Seiten, 16 Abb., 14 Tabellen. DM 22,80

HEFT 1350
Prof. Dr. phil. Karl Löbberg, Dipl.-Ing. Klaus Röhrig und Dr.-Ing. Peter Sahm, Institut für Gießereikunde der Technischen Universität Berlin
Über die Keimbildung in unlegiertem Kupfer und unlegiertem Eisen
1964. 77 Seiten, 22 Abb., 6 Tabellen. DM 36,—

HEFT 1352
Direktor Dipl.-Ing. Hans Stüdemann und Dr.-Ing. Fritz Esselborn, Forschungsinstitut an der Fachschule für Metallgestaltung und Metalltechnik, Solingen
Die Ergebnisse von Schneideigenschaftsprüfungen an Messern unter Berücksichtigung des Einflusses der geometrischen Form des Messers und des Einflusses der Karbidverteilung und -größe im Werkstoff
1964. 39 Seiten, 48 Abb., 2 Tabellen. DM 21,—

HEFT 1353
Direktor Dipl.-Ing. Hans Stüdemann und Dr.-Ing. Fritz Esselborn, Forschungsinstitut an der Fachschule für Metallgestaltung und Metalltechnik, Solingen
Untersuchungen über den Einfluß unterschiedlicher Herstellungsverfahren auf die Qualität rostbeständiger Messer
1964. 48 Seiten, 53 Abb. DM 22,50

HEFT 1354
Direktor Dipl.-Ing. Hans Stüdemann und Dr.-Ing. Fritz Esselborn, Forschungsinstitut an der Fachschule für Metallgestaltung und Metalltechnik, Solingen
Untersuchungen über den Einfluß der Wärmebehandlung in Zusammenhang mit unterschiedlicher Herstellung auf die Eigenschaften von rostbeständigen Messern
1964. 33 Seiten, 42 Abb. DM 18,—

HEFT 1355
Dr.-Ing. habil. Alfred Krisch, Max-Planck-Institut für Eisenforschung, Düsseldorf
Kriechverhalten, Gefügeänderungen und Risse bei mehrjährigen Zeitstandversuchen
1964. 27 Seiten, 17 Abb., 6 Tabellen. DM 14,80

HEFT 1381
Dr.-Ing. Heinz Meyer-Nolkemper, Forschungsstelle Gesenkschmieden an der Technischen Hochschule Hannover
Im Auftrag des Fachverbandes Gesenkschmieden im Wirtschaftsverband Stahlverformung, Hagen
Dornen in Waagerecht-Stauchmaschinen
In Vorbereitung

HEFT 1395
Prof. Dr. rer. techn. Fritz Reutter, Institut für Geometrie und Praktische Mathematik der Rhein.-Westf. Technischen Hochschule Aachen und Dr. rer. nat. Dieter Haupt, Rechenzentrum der Rhein.-Westf. Technischen Hochschule Aachen
Untersuchungen auf dem Gebiete der praktischen Mathematik
In Vorbereitung

HEFT 1413
Dr. ner. nat. Dietrich Horstmann und Dipl.-Ing. Ulrich Krause, Max-Planck-Institut für Eisenforschung und Gemeinschaftsausschuß Verzinken, Düsseldorf
Einfluß von Oberflächenrauhheit und Glühbehandlung auf die Güte verzinkter Bleche
In Vorbereitung

HEFT 1421
Dr.-Ing. H. Füllenbach, H. Lange, H. Parthey und I. N. Stanski, Forschungsgesellschaft Blechverarbeitung e.V., Düsseldorf
Metallurgische und technologische Untersuchungen an Weichloten
In Vorbereitung

HEFT 1462
Prof. Dr.-Ing. Dr.-Ing. E. h. Otto Kienzle und Dr.-Ing. Helmut Zabel, Forschungsstelle Gesenkschmieden an der Technischen Hochschule Hannover
Zerteilen metallischer Stangen durch Abscheren
In Vorbereitung

Verzeichnisse der Forschungsberichte aus folgenden Gebieten können beim Verlag angefordert werden: Acetylen/Schweißtechnik – Arbeitswissenschaft – Bau/Steine/Erden – Bergbau – Biologie – Chemie – Eisenverarbeitende Industrie – Elektrotechnik/Optik – Energiewirtschaft – Fahrzeugbau/Gasmotoren – Farbe/Papier/Photographie – Fertigung – Funktechnik/Astronomie – Gaswirtschaft – Holzbearbeitung – Hüttenwesen/Werkstoffkunde – Kunststoffe – Luftfahrt/Flugwissenschaften – Luftreinhaltung – Maschinenbau – Mathematik – Medizin/Pharmakologie/NE-Metalle – Physik – Rationalisierung – Schall/Ultraschall – Schiffahrt – Textiltechnik/Faserforschung/Wäschereiforschung – Turbinen – Verkehr – Wirtschaftswissenschaft.

WESTDEUTSCHER VERLAG · KÖLN UND OPLADEN
567 Opladen/Rhld., Ophovener Straße 1-3

MIX
Papier aus verantwortungsvollen Quellen
Paper from responsible sources
FSC® C105338

If you have any concerns about our products,
you can contact us on
ProductSafety@springernature.com

In case Publisher is established outside the EU,
the EU authorized representative is:
**Springer Nature Customer Service Center GmbH
Europaplatz 3, 69115 Heidelberg, Germany**

Printed by Libri Plureos GmbH
in Hamburg, Germany